PRODUCCIÓN DE OLEFINAS

ETILENO. PROPILENO, BUTILENOS Y SUPERIORES

PROCESOS QUÍMICOS INDUSTRIALES

PRODUCCIÓN DE OLEFINAS

ETILENO. PROPILENO, BUTILENOS Y SUPERIORES

MATERIAS PRIMAS, TECNOLOGÍAS DE PRODUCCIÓN, PRINCIPALES DERIVADOS Y APLICACIONES

RENE A. DUBOIS Y NATALIA GAVIOLI

nueva librería®

Dubois, René A.
Producción de Olefinas : etileno, propileno, butileno y superiores / René A. Dubois y Natalia Gavioli. - 1a ed. - Ciudad Autónoma de Buenos Aires : Nueva Librería, 2013.
192 p. ; 24x17 cm.

ISBN 978-987-1871-12-4

1. Petroquímica. 2. Ingeniería Química. I. Gavioli, Natalia
CDD 660

Estados Unidos 301
(1101) Buenos Aires, Argentina
Tel.: 4362-9266
nuevalibreria@infovia.com.ar
www.nuevalibreria.com.ar

Diseño de tapa: Pablo Caro
Diseño interior - diagramación: m&s estudio

ISBN: 978-987-1871-12-4

Hecho el depósito que marca la ley 11.723.
Impreso en Argentina – *Printed in Argentina*

LOS AUTORES:

RENÉ A. DUBOIS es Ingeniero Químico, se graduó en la Facultad de Ingeniería Química de la Universidad Nacional del Litoral. Actualmente es Profesor Titular Consulto en el Departamento de Ingeniería Química de la Facultad de Ingeniería de la Universidad de Buenos Aires y es Académico Titular de la Academia Nacional de Ingeniería de la República Argentina.

Con amplia experiencia en la industria química y petroquímica se desempeñó en importantes industrias del sector donde desarrolló y realizó un gran número de proyectos varios de los cuales actualmente en funcionamiento en el país y Latino América. Participó en numerosos congresos donde presentó trabajos en la Argentina, Méjico, Venezuela, Perú, y Brasil. Como autor de trabajos y publicaciones se destacan los libros: "Evaluación de Inversiones en la Industria Química" editado por la Asociación Química Argentina(1993), "Hidrógeno Energía del Futuro"(2004) como coeditor publicado por la Academia Nacional de Ciencias Exactas, Físicas y Naturales y "Introducción a la Refinación del Petróleo", (2005) editado por EUDEBA.

NATALIA GAVIOLI, Ingeniera Química se graduó en la Facultad de Ingeniería de la Universidad de Buenos Aires, se desempeñó como docente auxiliar en la Facultad de Ingeniería de la Universidad se Buenos Aires en la Catedra de Química Orgánica y en la Cátedra de Industrias de Procesos e Industrias Alimenticias. Actualmente es docente en la cátedra de Química Analítica Instrumental en el Departamento de Química de esa Facultad. Trabajó en varias empresas de productos químicos en investigación, desarrollo de productos y producción. Autora de numerosos trabajos, realizó presentaciones en congresos y reuniones científicas. Fue miembro del Proyecto de Investugación UBACYT i-20 y del Proyecto de Cooperación Internacional ECCOS-SECYT A99-B03, ambos relativos a la utilización de recursos renovables.

INDICE GENERAL

PRÓLOGO

Este libro está dedicado a estudiantes y profesionales interesados en conocer un sector de la industria química y petroquímica proveedora de las materias primas conocidas como olefinas, que contribuyen con sus derivados y nuevas aplicaciones al constante desarrollo de productos, que han pasado a formar parte de nuestra actividad diaria, con la creación de un un nuevo estilo de vida mas confortable y seguro.

Podemos decir que todas las actividades del hombre han recibido el beneficio de tener esta gran variedad de nuevos materiales cuya utilización en la medicina, el transporte, las comunicaciones, la higiene y muchas otras, han favorecido la aparición de innumerables nuevas aplicaciones.

Se ha reunido de la manera que se consideró más adecuada, la experiencia y el material resultante de varios años de trabajo en la actividad universitaria e industrial de los autores en este sector, para hacer llegar a los lectores, un contenido que describa todos los aspectos de la producción y aplicación de cada una de las olefinas. Con ese objetivo se dedicó un capítulo a cada una, cuyo contenido estuviera al alcance de la mayor cantidad posible de interesados.

En el texto se agregaron datos de capacidades de producción y mercados de la Argentina para poder visualizar el estado presente en nuestro país, como así también del desarrollo de este sector de la industria química conocida como petroquímica.

Si bien la cantidad de hidrocarburos para producir olefinas es reducida comparable con la requerida para la generación de energía y no obstante las posibilidades que pueden brindar la explotación futura del gas y petróleo no convencional, no deja de ser preocupante la futura disponibilidad de los mismos.

Por ese motivo y para tener una industria sustentable y no contaminante se incluyó también un capítulo para discutir este problema con la utilización de recursos renovables.

INTRODUCCIÓN

Esta publicación describe un importante sector de la industria de procesos químicos correspondiente a la petroquímica. Nos referimos a la producción de olefinas que son hidrocarburos no saturados, lineales con ó sin ramificaciones, cuya fórmula general es C_nH_{2n}, que se caracterizan por tener una doble ligadura entre dos átomos de carbono. Las olefinas constituyen la materia prima que origina el mayor volumen de productos químicos orgánicos producidos a nivel mundial.

Solamente de etileno se produjeron en el año 2011 aproximadamente 120 millones de toneladas, con un total de 275 plantas instaladas alrededor del mundo. Le siguió el propileno con una producción de 97 millones de toneladas para el mismo año, cifra que incluye los diferentes grados de pureza según su origen: grado refinería, químico y polímero. Sí incluimos además las olefinas de C_4 y superiores con más de cuatro átomos de carbono, la producción total de olefinas supera fácilmente las 230 millones de toneladas.

El etileno creció a nivel mundial a un promedio anual del 4,25 % durante el período comprendido entre los últimos 10 años, crecimiento que fue superado por el propileno cuyo crecimiento a nivel mun dial fue del 4,50 % anual durante el mismo período.

La mayor fuente de producción de olefinas es el craqueo de hidrocarburos en presencia del vapor de agua, principalmente de la nafta virgen, a partir de la cuál además de olefinas se obtienen los hidrocarburos aromáticos, benceno, tolueno y xilenos, que completan la lista de las materias primas petroquímicas básicas que junto con el gas de síntesis ($CO + H_2$), sirven como punto de partida para el funcionamiento de la gran industria petroquímica.

La producción de olefinas y subproductos sufrió un tremendo desarrollo que comenzó al final de la Segunda Guerra Mundial, cuando la capacidad de las plantas eran de unas 10.000 t/a de etileno hasta la actualidad donde se alcanzan capacidades superiores a 1.500.000 t/a, introduciéndose además importantes mejoras, especialmente en el proceso de cracking, donde se incrementó el rendimiento de la producción de olefinas, minimizando el impacto ecológico, reduciendo el consumo de energía por unidad de producto y reduciendo el grado de complejidad en la sección de reacción, donde los hornos de cracking representan una importante porción de la inversión, entre el 25 % y el 35 % del costo total de los "límites de batería" de la planta.

Si bien las olefinas son obtenidas fundamentalmente del craqueo en presencia del vapor de agua, de los hidrocarburos, existen también otras alternativas importantes para su producción, tal es el caso del propileno y de los butilenos. Estos se pueden obtener en las refinerías como subproductos del cracking catalítico, conocido como FCC (Fluid Catalytic Cracking) que se opera para incrementar la producción de naftas y gasoil, utilizando fundamentalmente cortes pesados como el gasoil obtenido en la columna de vacío. En especial el FCC constituye una fuente importante de suministro de propileno y se han desarrollado nuevos procesos (PETRO FCC de UOP, DCC de STONE & WEBSTER, etc.), que incrementan la producción de propileno hasta el 22 % del peso de la alimentación de gasoil de vacío. Con este proceso también se obtiene etileno que llega hasta el 6 % de la alimentación. Estas modificaciones realizadas al FCC convencional están dirigidas a brindar nuevas fuentes de propileno independientes de la producción de etileno, dado que en la producción de etileno en una planta de craqueo al vapor, el propileno se obtiene como un subproducto en menor proporción que el etileno. De esta manera, con otros procesos se produce propileno para compensar su mayor tasa de crecimiento con relación al etileno. Con el mismo propósito también se realiza la deshidrogenación del propano y el proceso de las triolefinas ó "metathesis".

El desarrollo de las olefinas acompaña el crecimiento de los materiales plásticos que caracterizaron los últimos cincuenta años del siglo pasado y que le han permitido al hombre tener una mejor calidad de vida al disponer de nuevos materiales. Esto hizo posible el desarrollo de la industria electrónica, las comunicaciones, nuevos envases, nuevas fibras textiles, prótesis impensables anteriormente para la medicina, mejores recubrimientos, nuevos materiales para la construcción, nuevos adhesivos, nuevas pinturas protectoras, etc., etc., a tal punto que se ha dado en llamar la era de los materiales plásticos al siglo XX. Hoy se producen polímeros diseñados para aplicaciones específicas, como se dice, hechos a medida. Sería impensable actualmente diseñar, abordar la manufactura y obtener bienes durables y de consumo, con la abundancia que hoy se producen y a un precio reducido cada vez más accesible a un número mayor de personas, sino dispondríamos de esta gran variedad de polímeros producidos a en su mayor parte a partir de olefinas.

También constituye una seria preocupación que todos estos desarrollos se basan en el uso del petróleo y el gas natural, que son recursos limitados y que tarde o temprano su escasez afectará la industria petroquímica. De ahí también la importancia que tiene el reciclado de los plásticos, que además de su conveniencia por razones ecológicas, es una manera de mitigar la demanda futura de las materias primas.

Los productos derivados de las olefinas, como todos los productos químicos orgánicos están formados por carbono e hidrógeno, acompañados algunas veces por oxígeno, halógenos y nitrógeno. Una alternativa diferente para sintetizarlos es utilizando el gas de síntesis ($CO + nH_2$) que se puede obtener no solamente del gas natural u otro hidrocarburo, sino también a partir del carbón u otras sustancias carbonosas residuales y del vapor de agua. A nivel mundial según reservas comprobadas al año 2007, se disponen de reservas de carbón para casi 142 años, de manera que el gas de síntesis podría seguir siendo por algún tiempo un punto de partida para la síntesis de muchos de los productos que aquí describimos. Aún no considerando el carbón como materia prima, es muy importante prever que el descubrimiento de los nuevos yacimientos de "shale gas", agregan importantísimas reservas mundiales de gas natural, que ya se están comenzando a explotar en los Estados Unidos, y de las cuales la Argentina ocupa el tercer lugar mundial con 774 trillones de pies cúbicos (Tcf) de gas, según publicación del Departamento de Energía de los Estados Unidos (DOE abril/2011)

A partir del gas natural se produce el gas de síntesis, con el que se obtiene metanol y a partir del metanol ya se han desarrollado procesos para obtener etileno y propileno. En menor proporción se espera una importante contribución de los recursos renovables provenientes de la agricultura, como el almidón, el azúcar y la celulosa, que por hidrólisis se transforman en glucosa, y a partir de ésta, por fermentación en una serie de productos actualmente obtenidos por via petroquímica, como se detalla en el Capítulo N°5.

En todos estos casos será muy importante la participación de la Ingeniería Química que tendrá como desafío la búsqueda y creación de nuevas tecnologías para lograr que la producción de olefinas y sus derivados no se agote con la sola utilización de los hidrocarburos como lo ha venido haciendo hasta el presente, sino que se produzcan nuevas alternativas a partir de otras materias primas y nuevos procesos para seguir produciendo olefinas y sus derivados.

CAPÍTULO 1

ETILENO

1.1- Principales características

El etileno es un gas inflamable, de olor agradable y es el primero de la serie de hidrocarburos no saturados u olefínicos, llamados también alquenos.

El etileno es muy poco soluble en agua, pero soluble en alcohol, hidrocarburos y solventes orgánicos.

La exposición a altas concentraciones de etileno puede causar asfixia por desplazamiento del oxígeno, depresión del sistema nervioso central y pérdida de la conciencia.

Fórmula: $CH_2=CH_2$

P.M.: 28,05

P.E.: -102,4 °C

P.F.: -169,4 °C

Densidad al estado líquido: 0,566 g/cm^3 a –102 °C

Densidad al estado gaseoso: 1,260 g/lt (0 °C y 760 mm Hg)

El etileno, al igual que otras olefinas tiene gran reactividad química dado que una de las dos uniones covalentes se realiza por la superposición de dos orbitales "p", unión π (pi), que es más débil que la otra unión que se realiza por la superposición de dos orbitales axiales "s" llamado también unión σ (sigma). Los electrones de la unión π son los responsables, de las reacciones de adición del etileno donde se satura la doble ligadura para formar gran cantidad de derivados de aplicación industrial, como el polietileno, el cloruro de vinilo, el etilenglicol, etc.

1.2- Producción y consumo del etileno.

El etileno por volumen y por la cantidad de productos derivados que se obtienen a partir del mismo constituye la principal materia prima de la petroquímica, su consumo mundial tiene un crecimiento promedio anual del 4,25 % para el período comprendido entre los últimos 10 años (2001/2011).

En el siguiente gráfico se puede observar la demanda y la producción del etileno a nivel mundial desde el año 2003 y su proyección a partir del año 2009 y hasta el 2013. (Fuente CMAI: Chemical Market Associates Inc).

Las principales aplicaciones del etileno son la producción de termoplásticos en forma directa ó a partir de alguno de sus derivados, por ejemplo: polietilenos HDPE, LDPE, LLDPE; PVC; Poliestirenos y PET. Las otras aplicaciones son la producción de derivados siendo los mas importantes el óxido de etileno, el oetilenglicol, el cloruro de vinilo y el estireno. En los países que son producñptpores importantes de etileno, como los Estados Unidos, China ó Europa, el consumo del etileno se distribuye aproximadamente en un 60% para producir polietilenos y un 40% para producir los principales derivados, relación que varía según los países. Normalmente el etileno se produce en una planta que lo distribuye a otras, llamadas satélites que rodean a la planta principal de etileno, el conjunto constituye un polo petroquímico donde generalmente todo el etileno se consume "in situ". La distribución del etileno al estado gaseoso se realiza a cada una de las plantas satélites por cañería. Los excedentes de etileno no utilizados pueden exportarse por barco ó comercializarse por camión, siempre al estado líquido en recipientes criogénicos.

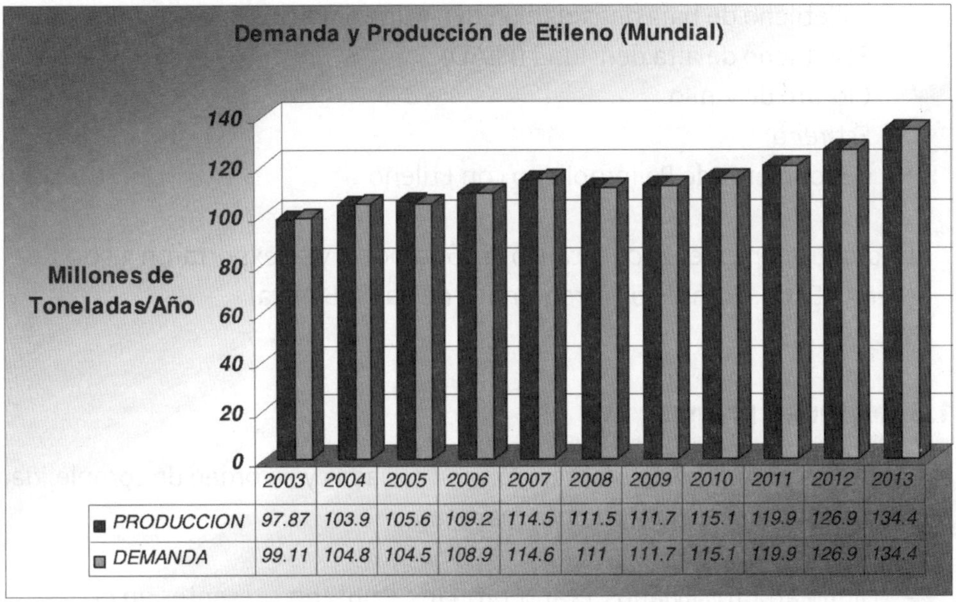

	2003	2004	2005	2006	2007	2008	2009	2010	2011	2012	2013
PRODUCCION	97.87	103.9	105.6	109.2	114.5	111.5	111.7	115.1	119.9	126.9	134.4
DEMANDA	99.11	104.8	104.5	108.9	114.6	111	111.7	115.1	119.9	126.9	134.4

En la Argentina existen dos productores de etileno:

PETROBRAS ARGENTINA S.A.
Tiene dos plantas en la Pcia de Santa Fé, ubicadas en la localidad de San Lorenzo de 21.000 t/a (ex Duperial S.A.) y la otra en Puerto San Martín de 31.000 t/a (ex PASA S.A.). La primera produce el etileno a partir de nafta y la segunda a partir de propano.

PBB POLISUR SA
Es propiedad 100 % de Dow Chemicals de EEUU, con una capacidad total instalada de 700.000 t/a, integrada por dos unidades, una de 275.000 t/a con tecnología de LINDE (ex Petroquímica Bahía Blanca S.A.) y la otra de 425.000 t/a con tecnología de CF Braun/Dow.

El etileno se transporta en estado gaseoso por cañerías o bien en camiones-tanque criogénicos al estado líquido.

Las aplicaciones del etileno en la Argentina son:

Polietileno de baja densidad (PEBD) y lineal (PELBD)	51 %
Polietileno de alta densidad (PEAD)	31 %
Cloruro de Vinilo	12 %
Estireno	6 %
Copolímeros de Polipropileno con Etileno	< 1 %

La producción en el 2007 alcanzó las 690.000 t y se exportaron 3.500 t. (Ver ANEXO I: Complejo Petroquímico de Bahía Blanca)

1.3- Materias primas

Las materias primas para su obtención son variadas y en orden de complejidad pueden clasificarse de la siguiente manera:

- Hidrocarburos livianos: etano, propano y butano, presentes en el gas natural ó disueltos en el petróleo crudo.
- Los gases licuados derivados de la refinación del petróleo: propano y butano.
- Hidrocarburos livianos obtenidos por destilación del petróleo, naftas y en particular, las naftas livianas de reducido valor como carburante.
- Las fracciones más pesadas de la destilación, tales como kerosene y gas oil.
- El propio petróleo crudo.

Estas materias primas se utilizan en las plantas de craqueo al vapor (steam cracking), donde se mezclan con vapor de agua en los hornos de cracking.

La complejidad de estas plantas de producción y el costo de inversión crece con la complejidad de la materia prima, desde el etano hacia el petróleo crudo.

Plantas alimentadas con etano, producen fundamentalmente etileno y muy poco propileno y otros productos. En cambio los craquers alimentados con nafta producen, además de etileno: propileno, butilenos, butadieno, benceno, tolueno y xilenos (BTX).

Esta circunstancia determina que, si bien las plantas de craqueo de etano requieren menor inversión, sólo producen etileno, en cambio, las plantas de craqueo de nafta que requieren una mayor inversión para producir la misma cantidad de etileno, coproducen gran cantidad de propileno, butilenos y BTX.

El etileno también puede obtenerse de los gases producidos durante la refinación del petróleo, provenientes del cracking catalítico de lecho fluido (FCC). La producción de etileno alcanza al 1% del peso de la alimentación de gasoil de vacío (GOV) y se lo puede separar de la corriente de gas del FCC por absorción con un hidrocarburo mas pesado como el butano del cuál luego se lo obtiene por destilación.

Con el propósito de obtener una mayor producción de etileno y propileno en la operación del cracking catalítico alimentado con gasoil de vacío, la compania UOP de los Estados Unidos ha desarrollado un nuevo tipo de cracking llamado PetroFCC, cuyo catalizador contiene una zeolita llamada ZMS-5 que produce mas del 8% de etileno y hasta un 21% de propileno, porcentajes en peso referidos a la alimentación.

El metanol y el etanol también se pueden utilizarse como materia prima para producir etileno. El metanol que se obtiene del gas de síntesis (CO + H2), que a su vez tiene varias alternativas para su producción (Ver Capítulo N°5), se puede transformar mediante un proceso catalítico (MTO*) en etileno y propileno:

$$\underset{\text{metanol}}{2\,CH_3OH} \rightarrow \underset{\text{etileno}}{CH_2 = CH_2} + 2\,H_2O$$

$$\underset{\text{metanol}}{3\,CH_3OH} \rightarrow \underset{\text{propileno}}{CH_3 - CH = CH_2} + 3\,H_2O$$

Este proceso MTO no está aún siendo muy utilizado. Se discute su economía en relación con el proceso tradicional de cracking al vapor a partir de hidrocarburos, no obstante en China hay proyectos para su utilización.

La deshidratación del etanol resulta en cambio mas sencilla de realizar industrialmente, sobre todo para plantas mas pequeñas (Ver 1.4.2.) :

$$CH_3 - CH_2OH \rightarrow CH_2 = CH_2 + H_2O$$

---

* MTO (Methanol to olefins)

1.4.- Procesos de producción

1.4.1- Craqueo al vapor (Steam Cracking)

En este proceso la obtención del etileno se produce por descomposición térmica de los hidrocarburos en presencia del vapor de agua. Las reacciones de craqueo o de rotura de las cadenas son fuertemente endotérmicas, estando favorecidas por las altas temperaturas.

Las reacciones que intervienen en la pirólisis de los hidrocarburos son tanto más complejas cuanto más aumenta el peso molecular y cuanto más importante es la conversión.

F.O. Rice, ha demostrado que el mecanismo de la reacción es radical, es decir, durante el proceso de reacción se producen radicales. Por ejemplo, en el caso del etano resultan las siguientes reacciones:

1°) Se inicia con la rotura de una molécula de etano en dos radicales metilo:

$$C_2H_6 \rightarrow CH_3^* + CH_3^\cdot \quad (1)$$

2°) Un radical metilo reacciona a su vez con una molécula de etano para dar metano y un radical etilo:

$$C_2H_6 + CH_3^* \rightarrow CH_4 + C_2H_5^\cdot \ (2)$$

3°) El radical etilo se descompone en etileno más un radical hidrógeno:

$$C_2H_5^* \rightarrow C_2H_4 + H^\cdot \quad (3)$$

El radical hidrógeno actúa sobre otra molécula de etano produciendo un nuevo radical etilo:

$$C_2H_6 + H^\cdot \rightarrow C_2H_5^\cdot + H_2 \quad (4)$$

Las dos últimas reacciones constituyen una cadena cuyo resultado final es el siguiente:

$$C_2H_6 \rightarrow C_2H_4 + H_2 \quad (5)$$

La primera reacción que produce la rotura de la unión C – C es llamada *reacción de iniciación*. Las otras reacciones se llaman de *propagación*, si éstas se reprodujeran siempre como en (3) y en (4), bastaría que una molécula de etano reaccionara como en (1), para iniciar un proceso sin fin. Los únicos productos serían los de la reacción (5), es decir, hidrógeno y etileno.

Pero la cadena (3) y (4) se interrumpe toda vez que los radicales reaccionan entre sí:

$$H^{\cdot} + H^{\cdot} \rightarrow H_2$$

$$H^{\cdot} + CH^{\cdot}_3 \rightarrow CH_4 \qquad \text{(metano)}$$

$$H^{\cdot} + C_2H^{\cdot}_5 \rightarrow C_2H_6 \qquad \text{(etano)}$$

$$CH^{\cdot}_3 + C_2H^{\cdot}_5 \rightarrow C_3H_8 \qquad \text{(propano)}$$

$$C_2H^{\cdot}_5 + C_2H^{\cdot}_5 \rightarrow C_4H_{10} \qquad \text{(butano)}$$

Al interrumpirse la cadena, ésta se debe reiniciar según la reacción (1) generándose cada vez una molécula de metano.

Los principales componentes en el efluente de un horno de pirólisis de etano son: hidrógeno, metano, etileno y etano sin reaccionar. Otros en menor proporción son: acetileno, propileno, propano, C_4, C_5 y aromáticos.

Para compuestos más pesados que el etano, el número de reacciones posibles se multiplica, haciendo difícil la predicción teórica de la composición final del producto, especialmente para los niveles de conversión normales exigidos en las operaciones comerciales.

En la siguiente tabla, se resumen los rendimientos aproximados de los principales productos obtenidos, según la carga empleada:

PRODUCTOS OBTENIDOS (% en peso)	ETANO	PROPANO	BUTANO	NAFTA	GAS OIL
ETILENO	**80**	**44**	**36**	**32**	**25**
PROPILENO	**2**	**17**	**17**	**14**	**14**
FRACCION C_4	**3**	**4**	**8**	**8**	**10**
Butadieno (*)	2	3	---	4	5
GASOLINA DE PIROLISIS	**1**	**7**	**14**	**24**	**20**
(**) GAS COMBUSTIBLE	**14**	**28**	**24**	**17**	**11**
Hidrógeno	6	2	2	1	0,9
Metano	8	26	22	16	10,1
FUEL OIL	**---**	**---**	**1**	**5**	**20**

(*) Butadieno contenido en la fracción C_4

(**) Gas combustibleformado por Hidrógeno + Metano, la composición indicada varía con la composición de la carga y la severidad.

1.4.1.1-Condiciones operativas del cracking.

Las condiciones termodinámicas indican que el craqueo es más fácil de realizar que las deshidrogenaciones, lo que le da cierta preferencia para que suceda. En las condiciones de craqueo pueden suceder otras reacciones como son las polimerizaciones, que están desfavorecidas por la temperatura y favorecidas por la presión. Esto determina las condiciones operativas que deben existir:

Temperatura elevada a la salida del horno.
Presión reducida de los hidrocarburos.
Enfriamiento eficaz después del horno.

Esto se obtiene en el craqueo al vapor por el paso de la carga diluida por el vapor de agua, a gran velocidad en los tubos de los hornos, seguido de un enfriamiento en una caldera especial.

El vapor de agua desempeña, en realidad, varias funciones:

Permite el aporte de calor.
Disminuye la presión parcial de los hidrocarburos.
Impide la formación de coque en los tubos, generando óxido de carbono.
Reduce las calorías que deben aportarse por volumen unitario de tubo del horno.

La relación de vapor de agua en peso varía entre 0,5 a 1 kg por kg de hidrocarburo. Para una salida del horno con una presión de 1,1 kg/cm^2 las cantidades de vapor son las siguientes:

ALIMENTACION	INYECCION DE VAPOR
ETANO	0,25 – 0,40 kg/kg
PROPANO	0,30 – 0,50 kg/kg
NAFTA	0,50 – 0,80 kg/kg
GAS OIL	0,80 – 1,00 kg/kg

Las variables que afectan al rendimiento de la operación son: Temperatura, Tiempo de Contacto y Presión

- *Temperatura de la reacción de cracking.*

Esta varía entre 750 °C y 850 °C a la salida del horno, que es la máxima temperatura. Generalmente se emplean temperaturas más bajas a medida que aumenta el peso molecular de la materia prima.
El calor de reacción que debe suministrarse a la temperatura de reacción es de 32000 Kcal por Kgmol de etileno formado a partir del etano. (Ver ANEXO I)

- *Tiempo de Contacto.*

Aumentándolo se eleva la conversión, pero si se prolonga demasiado aumentan las reacciones secundarias que son más lentas, disminuyendo el rendimiento del etileno. El tiempo de contacto óptimo, es tanto menor cuánto más pesada es la carga. Las operaciones se realizan con tiempos de contacto que varían entre centésimos de segundo, hasta unos pocos segundos.

- ***Presión de trabajo.***

Las presiones bajas favorecen la conversión y reducen el número de reacciones secundarias de polimerización. Se utiliza como diluyente para disminuir la presión parcial de los hidrocarburos el vapor de agua. La presión parcial varía entre 0,2 y 1,5 Kg/cm^2.

1.4.1.2-Descripción de las instalaciones de cracking.

Las plantas de producción de olefinas, especialmente las de etileno, son las más complejas y las de mayor costo de inversión.

Generalmente se las divide en dos secciones: la sección caliente y la sección fría.

En la primera tiene lugar la descomposición de los hidrocarburos por efecto del calor y en la segunda, la purificación y separación del etileno.

El proceso de pirólisis puede realizarse de diferentes maneras; en todas se debe suministrar el calor de reacción para lo cual puede emplearse algunos de los siguientes métodos:

1) Calentamiento en horno tubular.
2) Calentamiento directo, empleando vapor sobrecalentado como agente térmico.
3) Calentamiento indirecto, usando un sólido granular en movimiento como agente de transferencia de calor.
4) Calentamiento directo por combustión parcial de los gases de proceso

De todos estos procesos, el único que en la actualidad tiene aplicación industrial es el calentamiento en horno tubular.

El efecto de la temperatura y el tiempo de contacto o residencia definen lo que suele llamarse "severidad del craqueo". Cuando se dice que la severidad aumenta, aumenta la producción de etileno, disminuye la de propileno y aumenta el porcentaje de aromáticos en la nafta de pirólisis. Para lograr esto se aumenta la temperatura de salida de los gases y se reduce el tiempo de residencia.

En el siguiente cuadro se ilustra esta variación y como disminuye la relación propileno/etileno cuando aumenta la severidad (craqueo al vapor de nafta)

Tiempo de residencia (seg)	**0,7**	**0,5**	**0,45**	**0,4**
Vapor/carga (kg/kg)	0,6	0,6	0,6	0,6
Temperatura de salida (°C)	**760**	**810**	**850**	**860**
Etileno (% en peso)	24	26	29	30
Propileno (% en peso)	20	17	16	15
Gasolina (% en peso)	24	24	21	19
% de aromáticos	27	57	64	69
Relación $C_3(=)/C_2(=)$	**0,83**	**0,65**	**0,55**	**0,50**

Si bien con el aumento de la ***severidad*** aumenta la producción de etileno a expensas del propileno, éste último aumenta cuando la carga llega a ser más pesada para la misma cantidad final de etileno. En la siguiente tabla puede observarse como aumenta la cantidad de propileno para una misma producción de 300000 Toneladas de etileno cuando la carga es más pesada.

	CARGA				
Producto (t/a)	**ETANO**	**PROPANO**	**BUTANO**	**NAFTA**	**GAS OIL**
ETILENO	300000	300000	300000	300000	300000
PROPILENO	12000	99000	140000	170000	195000
Relación $C_3(=)/C_2(=)$	**0,04**	**0,33**	**0,46**	**0,56**	**0,65**

- ***Calentamiento en horno tubular.***

En la Figura N° 1 se muestra la primer parte de una planta de etileno con horno tubular que corresponde a la unidad de cracking y el prefraccionamiento.

La unidad de cracking tiene los hornos de pirólisis, generalmente varios y cuando se craquea nafta, uno de ellos está alimentado con etano que se recicla desde la separadora de etileno.

Los hidrocarburos que constituyen la materia prima se diluyen dentro de los tubos del horno de pirólisis con vapor de agua sobrecalentado, que se inyecta en uno o más puntos con el objeto de disminuir la presión parcial del hidrocarburo.

Los tubos del horno son verticales y colgados del techo de manera que permiten un libre juego de dilatación. Se utilizan aleaciones especiales de cromo y níquel: 20–32 Cr-Ni (Incoloy) o 25–30 Cr-Ni (HK-40), los primeros son tubos extruídos y los segundos son tubos fundidos.

A la salida del horno, la reacción de pirólisis debe interrumpirse rápidamente para evitar el avance de las reacciones secundarias que darían lugar a la formación de subproductos de alto peso molecular totalmente indeseables. El enfriamiento rápido o "quenching" se efectuó inicialmente por la inyección de una cierta cantidad de agua o algún hidrocarburo líquido que por contacto directo enfría la corriente que sale del horno. Pero teniendo en cuenta que el consumo de combustible en los hornos de cracking es uno de los componentes importantes del costo operativo de una planta de etileno, desde hace tiempo se ha llevado a la práctica la recuperación del calor contenido en el efluente de los hornos.

La recuperación de calor mencionada se realiza generando vapor de alta presión (100 atm o más) en un intercambiador de casco y tubos (TLX: abreviatura que corresponde a Transfer Line Exchanger) por cuyos tubos circula el efluente del horno, y por cuyo casco circula el agua en ebullición, que asciende por convección para luego separarse en el domo de una caldera convencional. El vapor generado es utilizado para impulsar las turbinas de los compresores principales de la planta, contribuyendo de esta manera a la eficiencia energética global de la planta de etileno (ver Figuras N° 1 y N° 2).

También en este caso, la adecuada elección de materiales y el diseño del equipo tienen gran importancia sobre la vida útil del mismo y sobre la velocidad de enfriamiento, que es otro de los factores que obligan a poner fuera de servicio en forma periódica los hornos de cracking.

FIGURA Nº 1
PLANTA DE ETILENO

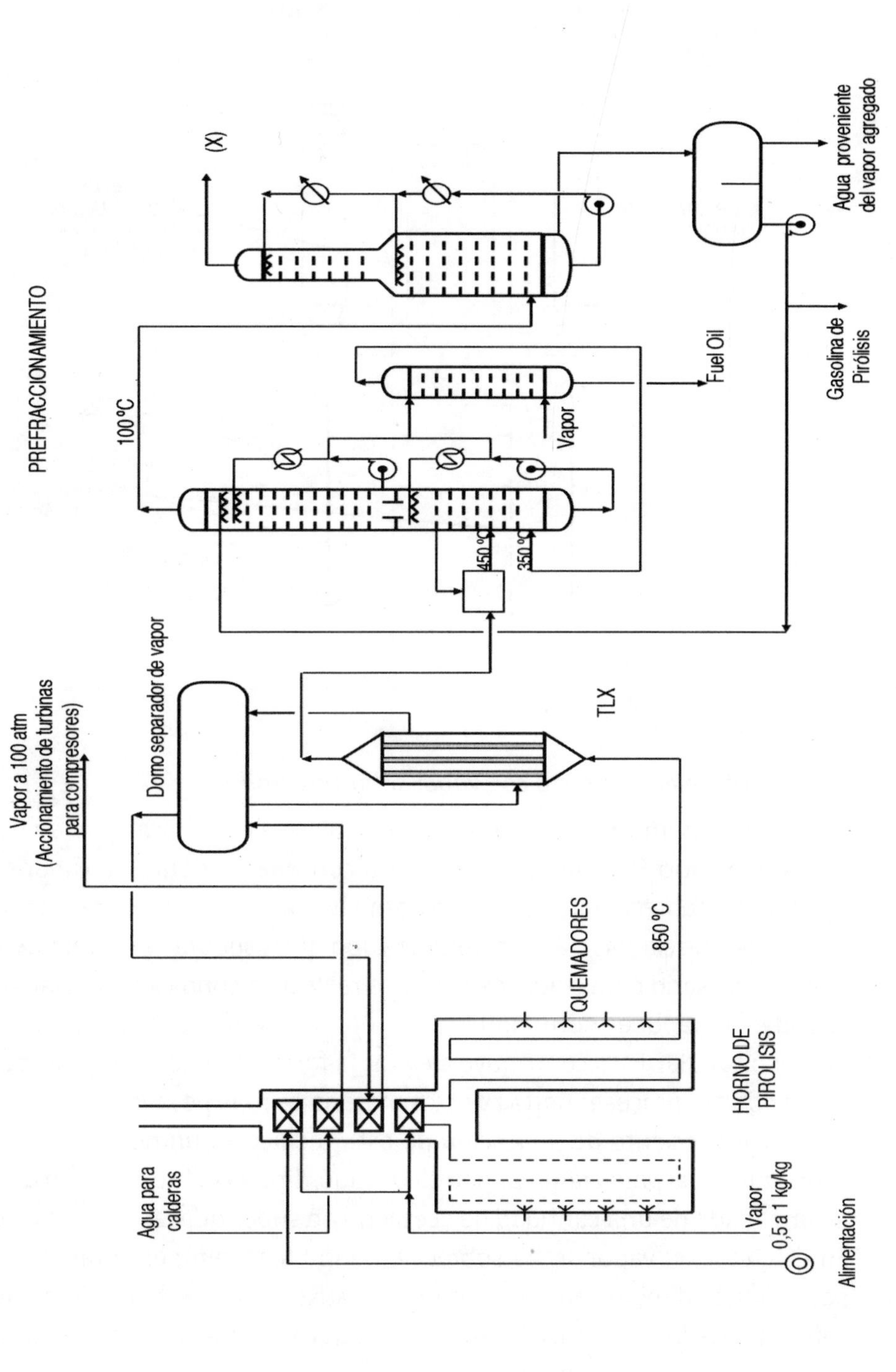

FIGURA Nº 2: ESQUEMA GENERAL DE UN HORNO TUBULAR

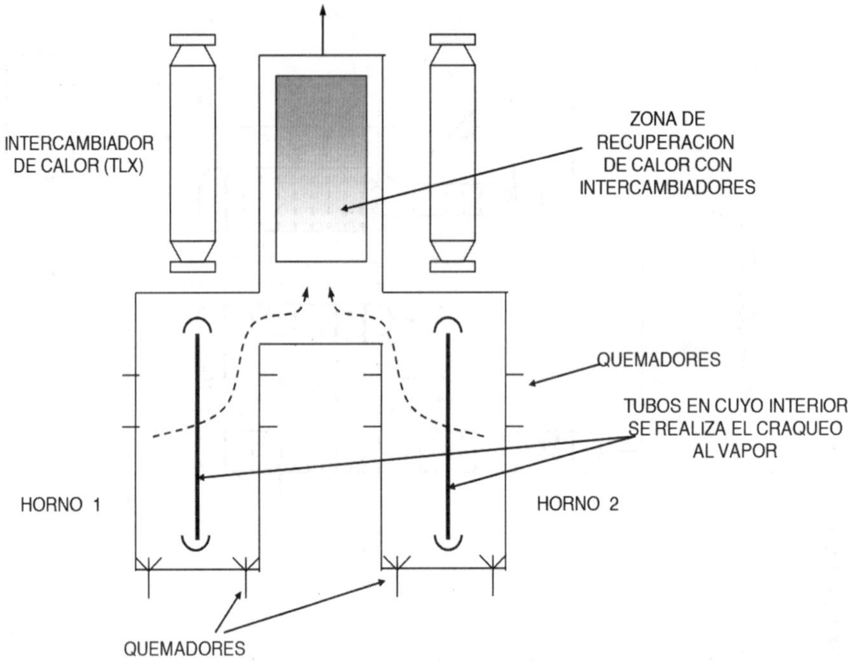

- ***Calentamiento directo con vapor sobrecalentado.***

En este sistema, no muy común, se precalienta el hidrocarburo en un horno hasta unos 600 °C y luego se lo mezcla con una corriente de vapor de agua que ha sido sobrecalentado en otro horno hasta temperaturas del orden de los 950 °C; la mezcla pasa a un tramo de tubo que asegura el tiempo de permanencia necesario para la reacción, que se realiza en condiciones adiabáticas. La cantidad de vapor es normalmente mayor que la empleada como diluyente en el horno tubular. Esto contribuye a evitar la formación de coque y lo hace muy indicado para procesar naftas y otros materiales más pesados.

Un caso reciente de aplicación de esta técnica es un desarrollo en escala semi-comercial para craquear petróleo crudo, dirigido a la obtención de etileno, acompañado de una cantidad de acetileno no superior al 20 % de la de etileno. En este caso, el vapor se ha sobrecalentado hasta temperaturas de 2000 °C por contacto directo con un lecho regenerativo y sobre esta corriente de vapor sobrecalentado se atomiza el crudo, con lo que se logra la pirólisis en un tiempo del orden de 5 a 10 milisegundos.

- Calentamiento indirecto utilizando sólidos como agentes de transferencia.

Esta es una solución muy lógica para el problema de deposición de coque. En todos estos sistemas los sólidos calientes en forma de esferitas o gránulos entregan su calor al gas. Se produce la pirólisis; el coque se deposita sobre las esferas o granos y éstos son transportados hasta la cámara de reactivación, donde por inyección de aire se logra la combustión del coque formado. Los sólidos quedan así limpios y calientes, listos para reiniciar el ciclo.

Debe notarse, que si bien el mecanismo es similar en algunos casos, al de las plantas de cracking catalítico sobre lecho fluido empleado en las refinerías de petróleo, en estos procesos para obtención de etileno no hay una acción catalítica del sólido.

Este proceso de calentamiento indirecto lo aplicó la firma Duperial (ICI en Argentina) en su complejo de San Lorenzo, Pcia de Santa Fé para producir 15.000 t/a de etileno a partir de nafta. Con esa finalidad instaló en 1964 un "sand cracker" de Lurgi, que empleaba arena como sólido granular que se calentaba al quemar el coque depositado durante el cracking. Posteriormente se reemplazó el "sand cracker"por un horno tubular convencional SELAS y tecnología LINDE para la purificación del etileno, con capacidad para producir 22.000 t/a. El etileno se utilizó para producir polietileno de baja densidad (PEBD). Actualmente este etileno es utilizado por Petrobrás (PASA) en San Lorenzo para producir etilbenceno – estireno.

Este proceso de calentamiento indirecto se utilizó también para la producción conjunta de acetileno y etileno.

En los procesos por combustión parcial se inyecta una cantidad limitada de oxígeno para producir la combustión de parte de los hidrocarburos de alimentación, que se craquean por el calor de dicha combustión.

Otro proceso similar es el que produce gases de combustión por mezcla de un combustible líquido o gaseoso con cantidades estequiométricas de aire y oxígeno, e inyecta el hidrocarburo de alimentación sobre la llama, donde se produce por contacto directo el calentamiento hasta temperaturas del orden de los 2000 °C, con tiempo de residencia muy corto, de 10 a 100 milisegundos; se logran conversiones muy altas, con la producción simultánea de acetileno y etileno. Dentro de este grupo, puede mencionarse también el proceso HTP de Hoechst.

El sistema regenerativo es el empleado por la Wulff Process Co de U.S.A, donde dos lechos con grillas cerámicas son alternativamente calentados por combustión de gases o alimentados con el hidrocarburo de carga que reacciona al ponerse en contacto con el refractario caliente. Durante la fase de calentamiento se quema también el coque que se pudiera haber depositado durante la etapa de reacción.

Como ya se ha mencionado, todos estos procesos de combustión parcial y/o regenerativos que trabajan a altas temperaturas son utilizados para la producción conjunta de etileno y acetileno, pudiéndose variar dentro de límites bastante amplios, las proporciones de ambos productos. No se han utilizado significativamente en plantas destinadas a obtener solamente etileno.

1.4.1.3.-Separación y purificación de los productos del cracking.

La etapa de pirólisis termina en todos los casos con el enfriamiento rápido de los gases que salen del horno, operación que se cumple en los generadores de vapor o TLX (Transfer Line Exchange) para recuperación de calor, ya mencionado anteriormente.

A partir de allí, los gases, a temperaturas generalmente superiores a 350 °C, pasan por una columna prefraccionadora donde, en contacto con hidrocarburos pesados, se produce la separación del aceite combustible residual del proceso. Del prefraccionador, los gases pasan a una torre de enfriamiento por contacto directo con agua en la cual se separan las gasolinas livianas (Ver Figura N° 3).

Los gases ya enfriados hasta temperaturas cercanas a la ambiente, y a una presión del orden de 0,5 kg/cm^2 son tomados por el sistema de compresión de cuatro etapas, que los elevan hasta 35 kg/cm^2, presión a la cual se inicia, generalmente, el fraccionamiento de los gases.

Los compresores utilizados son centrífugos, generalmente accionados por turbinas de vapor, y tienen enfriamiento entre etapas con separación de condensados, los que normalmente son sometidos a un proceso de despojamiento antes de ser despachados como gasolinas residuales.

Es común que después de la tercera o cuarta etapa de compresión se incluya un sistema de eliminación de componentes ácidos (CO_2 y H_2S) que consiste generalmente en una torre lavadora con soda cáustica. Si por la naturaleza de la carga de la planta, las cantidades de azufre a remover de esta manera fueran importantes, puede utilizarse un sistema regenerativo de monoetanolamina, por ejemplo, con lo cual se consigue disminuir el costo operativo por consumo de soda cáustica.

FIGURA N° 3
PLANTA DE ETILENO

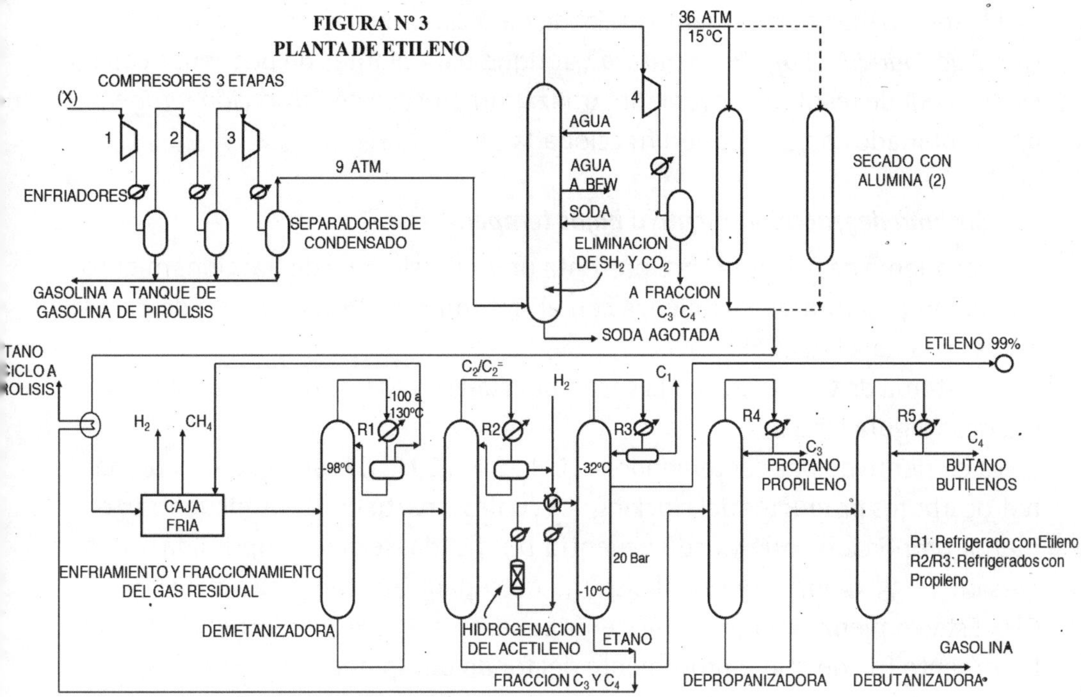

En la etapa final de esta sección de compresión y purificación, se realiza el proceso de secado de los gases que debe llegar hasta un nivel reducido de partes por millón de agua, ya que las etapas de fraccionamiento a baja temperatura se verían seguramente dificultadas por la cristalización del agua y la formación de hidratos ácidos en las distintas partes del proceso. El secado se lleva a cabo normalmente por adsorción en lechos de sílica gel, alúmina o tamices moleculares, los cuales son regenerados de manera periódica por una corriente caliente de algún gas de proceso.

- *Destilación fraccionada*

En esta sección de la planta se debe fraccionar la mezcla de gases del cracking, libre de CO_2, H_2S y H_2O, que contiene hidrógeno, metano, etileno, etano (que normalmente se recicla a los hornos de pirólisis), propano (que también se recicla), propileno (que se separa como un subproducto) y cortes de C_4: butileno, butadieno (que generalmente constituyen otros subproductos), y finalmente, las gasolinas livianas y el aceite combustible pesado.

El proceso más comúnmente utilizado para esta separación es el de "*destilación fraccionada a baja temperatura*", aunque para plantas de pequeñas capacidades puede resultar conveniente utilizar un proceso de "*absorción refrigerada*" combinado con destilación fraccionada.

- Sistema de fraccionamiento a bajas temperaturas.

El esquema de la Figura N° 3 presenta un típico sistema de fraccionamiento a baja temperatura que comienza con el tratamiento de la corriente de gases secos en la Caja Fría (Cold Box)

El sistema de Caja Fría para la separación del H_2 y CH_4 se detalla en el esquema de la Figura N° 4.

La corriente de gas conteniendo H_2, CH_4, C_2H_4, C_2H_6, C_3H_6, C_3H_8, C_4´s y demás hidrocarburos productos del cracking, los cuales a partir del C_5 se encuentran en menor proporción, que ya se encuentra purificada, seca y comprimida a una presión de 35 kg/cm^2 y entra al sistema de separación criogénica del H_2 y del CH_4. Esta comienza con un primer enfriamiento a – 10 °C por intercambio con la corriente fría de etano proveniente del fondo del spliter de etileno, luego a – 37 °C en el intercambiador I-2 enfriado con propileno, donde se tiene la primer condensación parcial que se separa en S-1. Los gases no condensados entran en la caja fría, donde en el intercambiador del calor de placas E-1 se realiza una nueva condensación, ayudada por el intercambiador I-3 refrigerado con etileno. La nueva porción de condensado se separa en S-2 y los gases entran en la caja fría y repiten el ciclo de condensado en E-2, I-4 y separando los líquidos en S-3. Los líquidos separados en S-1, S-2 y S-3 son enviados a la columna demetanizadora donde el metano que sale por el tope de la columna se condensa en el intercambiador I-5 refrigerado con etileno a – 100 °C. Parte de este metano se deriva como reflujo y el resto se retira como gas refrigerante, de los intercambiadores de placa. El hidrógeno que sigue como gas sin condensarse, sale del separador S-5 y se separa del metano que lo acompaña, condensando éste en E-4 que está refrigerado por metano gaseoso frío producido por laminación a través de la válvula X del metano líquido separado en S-4.

FIGURA N° 4: CAJA FRIA (COLD BOX)
SEPARACIÓN DEL H_2 Y DEL CH_4

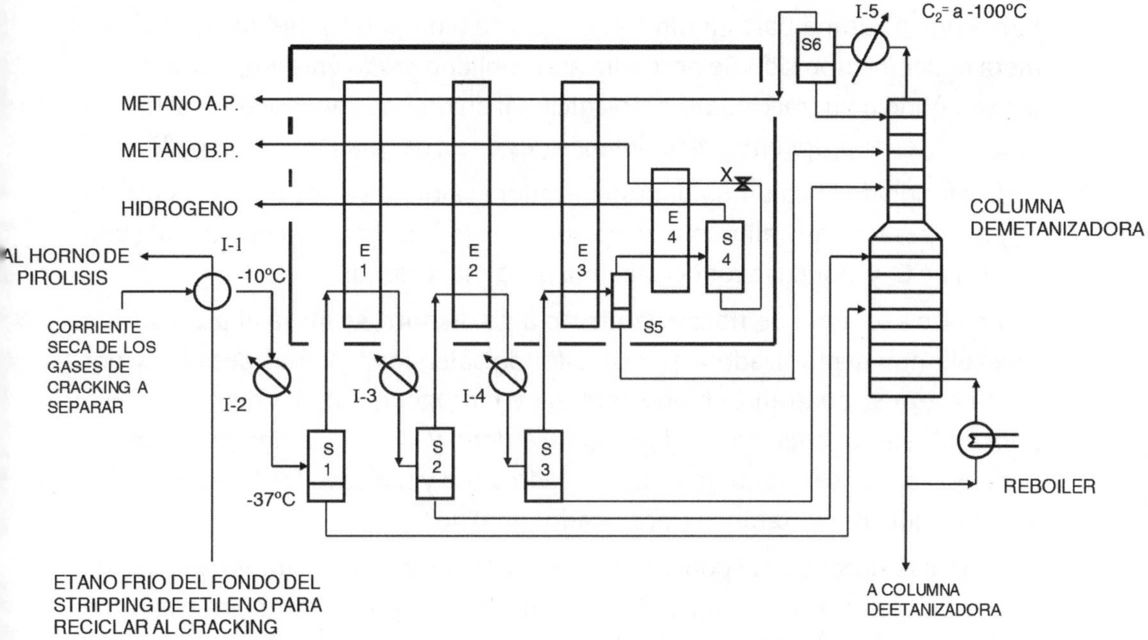

Después del tratamiento de Caja Fría (Ver Figura N° 3) del fondo de la torre demetanizadora sale una mezcla de C_2 y más pesados que alimenta la torre deetanizadora, por cuya cabeza se obtendrá una mezcla de etileno y etano. Esa corriente incorpora cantidades medidas de hidrógeno, y luego pasa por un lecho de catálisis en el cual se produce la hidrogenación del acetileno. Finalmente alimenta a la columna separadora de C_2, de la cual saldrá el etileno por la cabeza, y el etano, destinado generalmente a ser realimentado a los hornos de cracking, por el fondo. Como es posible que el hidrógeno incorporado antes del lecho catalizador viniera acompañado de algunas cantidades de metano, es necesario prever algún modo de eliminar este metano del etileno final. Para ello se puede haber incluido una pequeña columna despojadora de metano independiente, o bien disponer que el etileno sea extraído de la columna separadora de C_2 un poco por debajo del tope, por el cual saldrá todo el metano que halla podido incorporarse.

El fondo de la columna deetanizadora, consistente en C_3 y más pesados, alimenta entonces a una depropanizadora a la cual podrá seguirlo, si así se requiere, un proceso de hidrogenación catalítica del metil-acetileno y del propadieno similar a la anteriormente descripta, y después de esta hidrogenación habrá una columna para eliminar el exceso de hidrógeno y metano que se pudiera haber incorporado. Se obtendrá así propileno *grado químico*, el que podrá ser sometido a un fraccionamiento adicional en un fraccionador de C_3 si hubiera que obtener propileno *grado polímero*, es decir, de una pureza del 99%.

Del fondo de la columna depropanizadora saldrá a su vez una corriente de C_4 y más pesados que alimenta a una debutanizadora, por cuya cabeza sale una mezcla de C_4 y por cuyo fondo sale una gasolina residual.

En otro esquema de fraccionamiento algo distinto, se inicia el proceso con una columna deetanizadora, por cuyo fondo salen los C_3 y más pesados y por cuya cabeza salen etano, etileno, metano e hidrógeno. Esta corriente se envía ahora a la hidrogenación catalítica de acetileno y luego a la demetanizadora, por cuya cabeza se eliminan metano e hidrógeno y por cuyo fondo salen etano y etileno que alimentarán al fraccionador final de C_2.

Se puede notar que al poner el proceso de hidrogenación antes de la demetanizadora se hace innecesario el agregado de hidrógeno y también se elimina el problema de la contaminación con hidrógeno y metano en el producto final, ya que la demetanizadora, ubicada después del sistema de hidrogenación, eliminará todos estos gases livianos.

- *Proceso de separación por absorción.*

Para efectuar la primer separación entre metano y más volátiles por un lado, y etileno y más pesados por el otro, se recurre aquí al empleo de un absorbente bastante selectivo. Originalmente se emplearon cortes con pesos moleculares de 80 a 120, pero la práctica más reciente es emplear hidrocarburos livianos: por ejemplo, pentano o butano.

La columna absorbedora recibe el medio absorbente por su tope, y la alimentación en su tercio inferior. Los gases de cabeza contienen cantidades bajísimas de etileno. También es bajo el porcentaje del compuesto absorbente, que además puede recuperarse por enfriamiento y separación del condensado. El líquido que desciende al fondo de la columna contiene algo de metano disuelto, y por ello este tramo está diseñado como despojador, con un rehervidor calentado con vapor.

FIGURA N° 5
SEPARACION POR ABSORCION

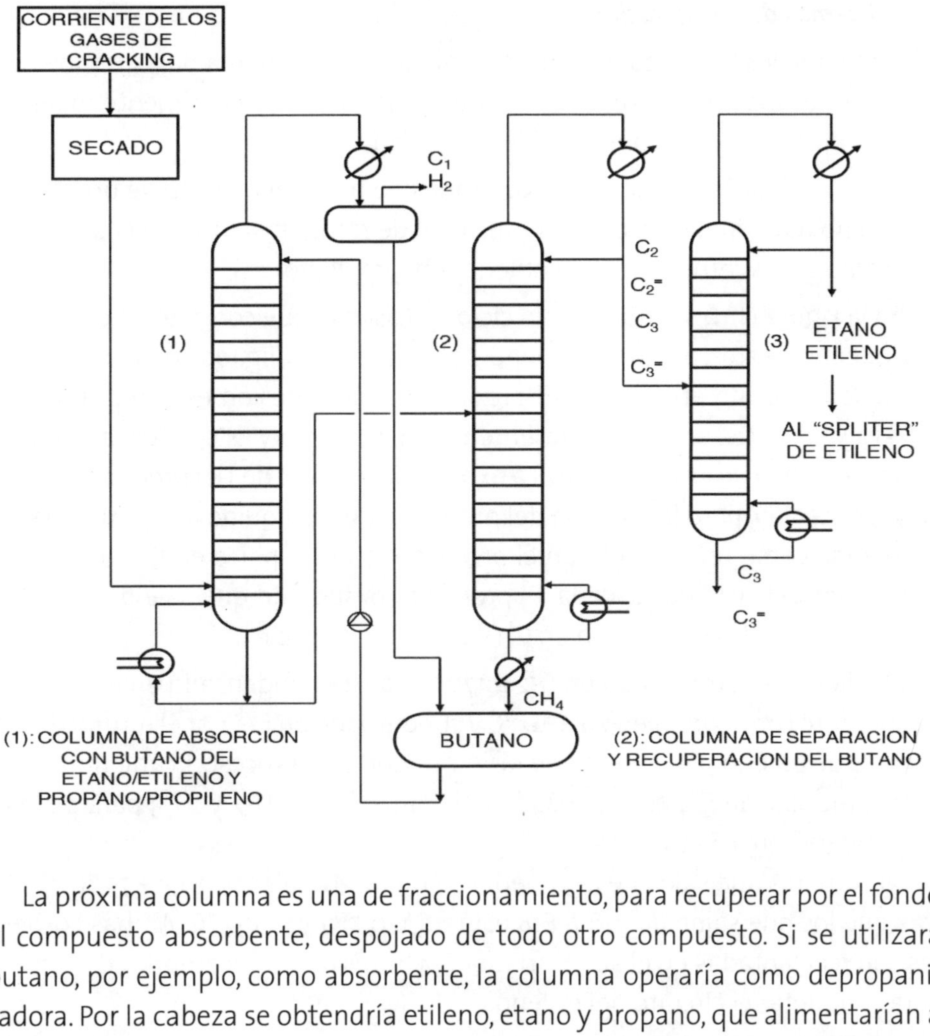

La próxima columna es una de fraccionamiento, para recuperar por el fondo el compuesto absorbente, despojado de todo otro compuesto. Si se utilizara butano, por ejemplo, como absorbente, la columna operaría como depropanizadora. Por la cabeza se obtendría etileno, etano y propano, que alimentarían a una deetanizadora. La corriente de cabeza sería una mezcla de etano – etileno a separar en una columna fraccionadora final.

La operación de la columna absorbedora debe ser conducida de manera de reducir a un mínimo el contenido de metano en el fondo, pues este componente liviano podría dificultar la condensación del reflujo en la columna siguiente (depropanizadora). Si las especificaciones de pureza del etileno no toleran pequeñas cantidades de metano (hasta el 1% por ejemplo), se puede disponer una columna demetanizadora secundaria antes del fraccionamiento final entre etano y etileno. Ver Figura N° 5

- *Sistemas de refrigeración.*

Dado que los procesos de fraccionamiento se efectúan a bajas temperaturas, es necesario contar con circuitos de refrigeración, generalmente independientes del proceso, de considerable capacidad.

El tren de enfriamiento de las columnas de fraccionamiento de una planta de etileno requiere de un ciclo significativo de refrigeración, en el cual se utilizan como gases refrigerantes al etileno y al propileno.

En la Figura N° 6 se muestra un ciclo en cascada que consiste en dos circuitos independientes, uno de propileno y otro de etileno, ligados únicamente por el condensador de etileno E-2. El propileno a baja presión es comprimido de 105 kPa y – 40 °C a aproximadamente 1300 kPa, en C-1 y es condensado en E-1, utilizando agua de enfriamiento. La expansión a través de JT-1 produce un poco de vaporización, pero la mayoría del propileno queda líquido a – 40 °C para ser evaporado como refrigerante en el proceso E-3 y otra parte en E-2 en el intercambiador del ciclo de cascada. El propileno evaporado que sale de E-2 y E-3, retorna al ciclo de compresión en C-1 completando el circuito.

El etileno es comprimido en C-2 a 1700 kPa y es condensado en E-2 en contracorriente con el propileno a – 40 °C y subenfriado en E-4 por el retorno de los vapores de etileno proveniente de los enfriadores de proceso. El etileno subenfriado que sale de E-4 es vaporizado parcialmente en JT-2 y JT-3 para proveer de refrigeración a: E-5, E-6, E-7 y E-8.

Los vapores que salen de E-5 pueden estar de 300 a 400 kPa y – 75 °C, mientras que los que salen de E-6 a E-8 están a 120 kPa y – 100 °C. Ambas corrientes son recalentadas en el subenfriador E-4 antes de ser recomprimidas en C-2 para completar el circuito del etileno.

FIGURA Nº 6: CIRCUITO DE REFRIGERACION EN CASCADA

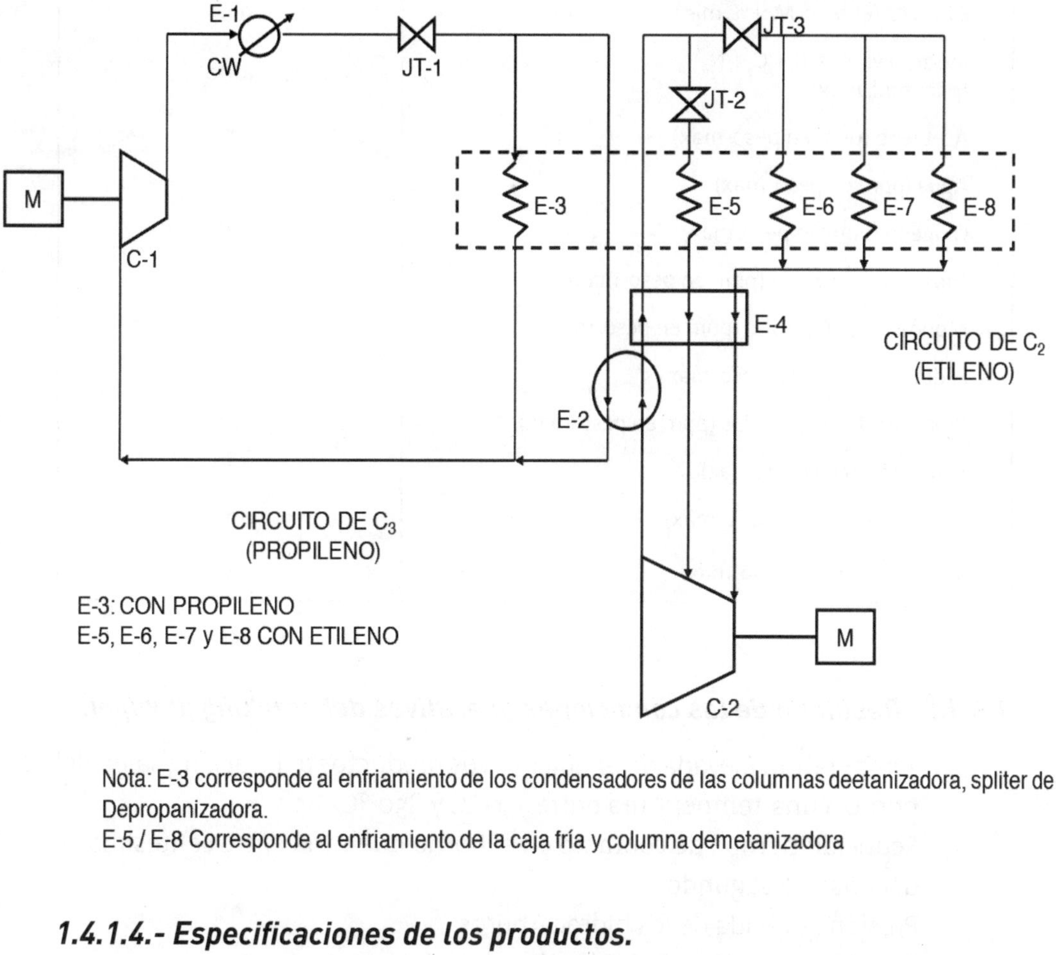

Nota: E-3 corresponde al enfriamiento de los condensadores de las columnas deetanizadora, spliter de etil Depropanizadora.
E-5 / E-8 Corresponde al enfriamiento de la caja fría y columna demetanizadora

1.4.1.4.- Especificaciones de los productos.

La pureza especificada para el etileno en una planta moderna es normalmente 99,90 a 99,95% en volúmen. Algunos procesos que utilizan el etileno tienen mayores exigencias (polietileno de alta y baja densidad, por ejemplo) que otros (se puede producir etilbenceno a partir de etileno al 90 ó 95 %). Pero dado que el transporte del etileno se hace generalmente por redes de gasoductos alimentados por más de una planta, todas deben fijar los límites más exigentes en cuanto a pureza.

En la siguiente tabla se dan los límites mínimos y máximos entre los cuales caen las especificaciones presentes, para el etileno grado polímero:

ESPECIFICACIONES	
ETILENO (Etileno, Mol %, min)	99,9
Inertes livianos: $C_1 + C_2 + N_2$ (ppm mol, max)	1000
Acetileno (ppm en peso, max)	5
Agua (ppm en peso, max)	1
Oxígeno (ppm en peso, max)	1
Dióxido de Carbono (ppm en peso, max)	5
Monóxido de Carbono (ppm en peso, max)	3
Hidrógeno (ppm en peso, max)	5
Propileno y más pesados (ppm en peso, max)	10
Azufre (ppm en peso, max)	1
Amoníaco (ppm en peso, max)	1
Metanol (ppm en peso, max)	1

1.4.1.5.-Resumen de las condiciones operativas del cracking al vapor.

1) Temperatura elevada de operación. Los productos del cracking salen del horno a una temperatura entre 750 °C y 850 °C.
2) Reducido tiempo de contacto en el horno que varía entre centésimas y décimas de segundo.
3) Presión reducida de los hidrocarburos.
4) Enfriamiento eficaz y rápido a la salida del horno.
5) Importante y eficiente recuperación del calor no utilizado en la reacción de cracking que es endotérmica. (Ver ANEXO I)
6) No se utiliza catalizador en el cracking que utiliza hornos tubulares.
7) Utilización de vapor de agua que se inyecta junto con los vapores de los hidrocarburos para:
   - Facilitar el aporte de calor, reduciendo las calorías que deben aportarse por unidad de volumen del tubo.
   - Disminuir la presión parcial de los hidrocarburos.
   - Impedir la formación de coque en los tubos, generando $CO + H_2$.

8) El consumo de vapor de agua varía entre 0,25 kg de vapor/kg hidrocarburo cuando éste es etano hasta 1 kg vapor/kg hidrocarburo cuando se trata de gas oil.

1.4.1.6.-Economía del cracking al vapor.

El costo de producción del etileno obtenido por descomposición térmica de los hidrocarburos depende fundamentalmente del tipo de materia prima. Si es etano, nafta o un derivado mas pesado de la refinación, el costo se incrementará con el aumento del peso molecular de los hidrocarburos que componen la alimentación, a pesar de que también se incrementará el crédito obtenido por los subproductos.

Por la misma razón también se incrementará el costo de inversión, ya que la planta será más grande y compleja para una misma capacidad de producción de etileno, así por ejemplo una planta de 500.000 t/a de etileno obtenido por cracking de nafta costará 1,5 veces mas que otra de la misma capacidad alimentada con etano. Además el costo de producción, dependiendo del precio de los subproductos, se incrementará entre un 7 a 8%. El costo de inversión por tonelada de etileno para una misma alimentación tiene una influencia importante de la capacidad, disminuyendo con un aumento de la misma.

Consumos específicos para producir 1 tonelada de etileno

– Materias primas: (t/t de etileno)

Etano	1,226
Propano	2,248
Butano	2,400
Nafta	2,986

Estos valores pueden variar de acuerdo con la severidad de cracking y la composición de la nafta.(*)

– Consumo de energía: MMkcal/t de etileno. (Ver también ANEXO I)

Etano	3,3
Propano	3,86
Butano	3,86
Nafta	5,3

– Créditos por subproductos: toneladas de subproducto/t de etileno. (*)

Subproducto	Tipo de materia prima			
	Etano	Propano	Butano	Nafta
Propileno	0,0168	0,2696	0,3730	0,4277
C_4's	0,0300	0,1298	0,2363	0,2622
C_5+ y nafta	0,0209	0,1419	0,1515	0,5257
Fuel	0,0813	0,6640	0,6067	0,7369
H_2	0,0741	0,0426	0,0325	0,0331

(*) Fuente ABB Lummus Global, USA.

1.4.2.-Producción de etileno a partir de etanol.

La producción de etileno a partir de alcohol no reviste la importancia que tiene el etileno obtenido a partir de hidrocarburos como el etano ó la nafta. En primer lugar debido a la disponibilidad de la matera prima que es limitada y como consecuencia las capacidades de producción de etileno a partir de alcohol sonmás reducidas que en el caso del etileno producido a partir de hidrocarburos.

La producción de alcohol se basa en la fermentación de soluciones azucaradas obtenidas de la melaza de la caña de azúcar o bien de la hidrólisis del almidón contenidos en los granos de maíz, de sorgo, ó de algún otro producto vegetal factible de ser sacarificable.

El alcohol es utilizado en muchos países para mezclarlo con la nafta y aumentar su volumen para paliar el déficit de combustibles líquidos, al igual que el biodiesel que se mezcla con igual fin con el gasoil, también de origen vegetal, obtenido por transesterificación con metanol de los aceites provenientes de semillas oleaginosas.

Si consideramos además que los productos vegetales utilizados para obtener el alcohol ó el biodiesel se utilizan fundamentalmente para la alimentación humana, se comprende fácilmente que existe una restricción básica para una utilización indiscriminada con otro propósito.

La historia de la deshidratación catalítica del alcohol para obtener industrialmente etileno se remonta a fines del siglo XIX y en especial cabe mencionar su utilización en Alemania durante la Primer Guerra Mundial y posteriormente en Inglaterra donde ICI comienza en 1930 la producción de polietileno con etileno proveniente de la deshidratación del etanol hasta 1950. En otros países también se utilizó este procedimiento para obtener etileno para producir PVC, estireno, butadieno y caucho sintético.

Las plantas de etileno a partir de alcohol fueron generalmente de pequeñas capacidades, de entre 6.000 y 20.000 t/a. Actualmente están en proceso de ejecución plantas de 100.000 y 350.000 t/a en Brasil, donde la producción de alcohol de caña de azúcar resulta muy económica. En Julio del 2007 Dow Chemical de los Estados Unidos y Crystalsev de San Pablo, importante productor de alcohol de caña de Brasil, anunciaron la formación de una empresa para producir 350.000 t/a de polietileno lineal de baja densidad (LLDPE), proyecto sustentable basado en un recurso renovable.

La obtención de etileno a partir de alcohol es un proceso sencillo que se basa en la deshidratación del alcohol por medio de un catalizador de alúmina activada. La reacción que es endotérmica requiere 360 Kcal por kilogramo de etileno producido y se realiza a una temperatura de 360 °C. (Ver Figura N° 7).

El alcohol de 96 °G.L. (95% p/p) se envía con una bomba a un vaporizador, luego a un recalentador. Los vapores de alcohol recalentados pasan al reactor de deshidratación donde el catalizador de alúmina se encuentra en tubos que son calentados exteriormente por la circulación de un fluido de termotransferencia. La reacción que tiene lugar es la siguiente:

$$CH_3-CH_2OH \rightarrow CH_2=CH_2 + H_2O + 360\ \text{Kcal/kg}\ C_{2=}$$

Los gases y vapores que salen del reactor se encuentran a alta temperatura y su calor es aprovechado para la generación de vapor a la vez que son enfriados.

Posteriormente son refrigerados con agua fría para eliminar y recuperar el alcohol no transformado. La solución de alcohol se neutraliza con NaOH para eliminar la acidez y se recupera el alcohol por destilación que se recicla. Los gases conteniendo el etileno son lavados con una solución de NaOH y luego con agua para eliminar la soda cáustica que puedan arrastrar. Finalmente el etileno gaseoso es comprimido, enfriado y purificado por adsorción y secado con tamices moleculares. Una alternativa de la purificación se realiza por destilación y finalmente del fondo de un "stripper" se obtiene etileno líquido que se almacena en un cilindro.

Según información publicada, por C. E. Lummus y por Scientific Design Co, se pueden estimar los consumos específicos para plantas de entre 10.000 y 60.000 t/a, los cuales son los siguientes:

Valores referidos al consumo para producir 1 tonelada de etileno grado polímero.

- *Alcohol (base 100%):*	1,746 t para lecho fijo de catalizador ó 1,66 t para lecho fluido.
- *Vapor de media presión:*	2,6 t
- *Energía Eléctrica:*	200 KWh
- *Combustible:*	850.000 Kcal. ó 3,5 MM BTU
- *Agua enfriamiento:*	1,4 m^3
- *Nitrógeno:*	1,8 Nm^3
- *Catalizador y productos químicos:*	5,00 (U$S valor en USA)
- *Mantenimiento, materiales y mano de obra:*	150.000 U$S /año (2,7% del valor ISBL) (1)
- *Personal:*	Producción: 2 operadores y 1 supervisor por turno. Laboratorio: 0 (se incorpora al laboratorio actual de planta) Mantenimiento: 3 por turno Jefe de planta: 1

(1) Inversión actualizada estimada sólo para ISBL U$S 5,5 y 18 MM para plantas de 10.000 a 60.000 t/a respectivamente.

Los valores del costo de inversión ISBL (Inside Battery Limits) son para el caso de las plantas de etileno de alcohol, mucho menores que para un cracking al vapor de hidrocarburos, debido a que no existen prácticamente subproductos secundarios. Los productos resultantes son el etileno y el agua, con cantidades pequeñas de alcohol no reaccionado que se recicla y muy pequeñas cantidades de impurezas que se eliminan fácilmente. Además la temperatura de trabajo es inferior a la utilizada en los hornos de cracking al vapor de 800 °C, ya que solo se requiere 360 °C para la deshidratación del alcohol.

Propiedades de alcohol de 96 °GL	d = 0,8125 kg/litro
Puro 100%	d = 0,7425 kg/litro a 15 °C

TABLA

Peso específico del alcohol a 15 °C y contenido de alcohol a diferentes concentraciones:

Peso específico a 15 °C	gr de alcohol en 100 gr solución	cm^3 de alcohol en 100 cm^3 solución	gr de alcohol en 100 cm^3 solución
0,8200	91,13	94,09	74,66
0,8165	92,41	95,00	75,39
0,8125	93,85	96,00	76,10
0,8080	95,34	97,98	77,04
0,8040	96,79	97,99	77,76
0,7990	98,46	99,05	78,61
0,7425	100,00	100,00	79,86

Alcohol grado combustible 99,3 % mín. d = 0,7915 kg/litro (anhidro para mezclar con la nafta)

Calor de vaporización 204 cal./gr.

FIGURA N° 7.- DIAGRAMA SIMPLIFICADO DEL PROCESO PARA OBTENER ETILENO A PARTIR DE ETANOL

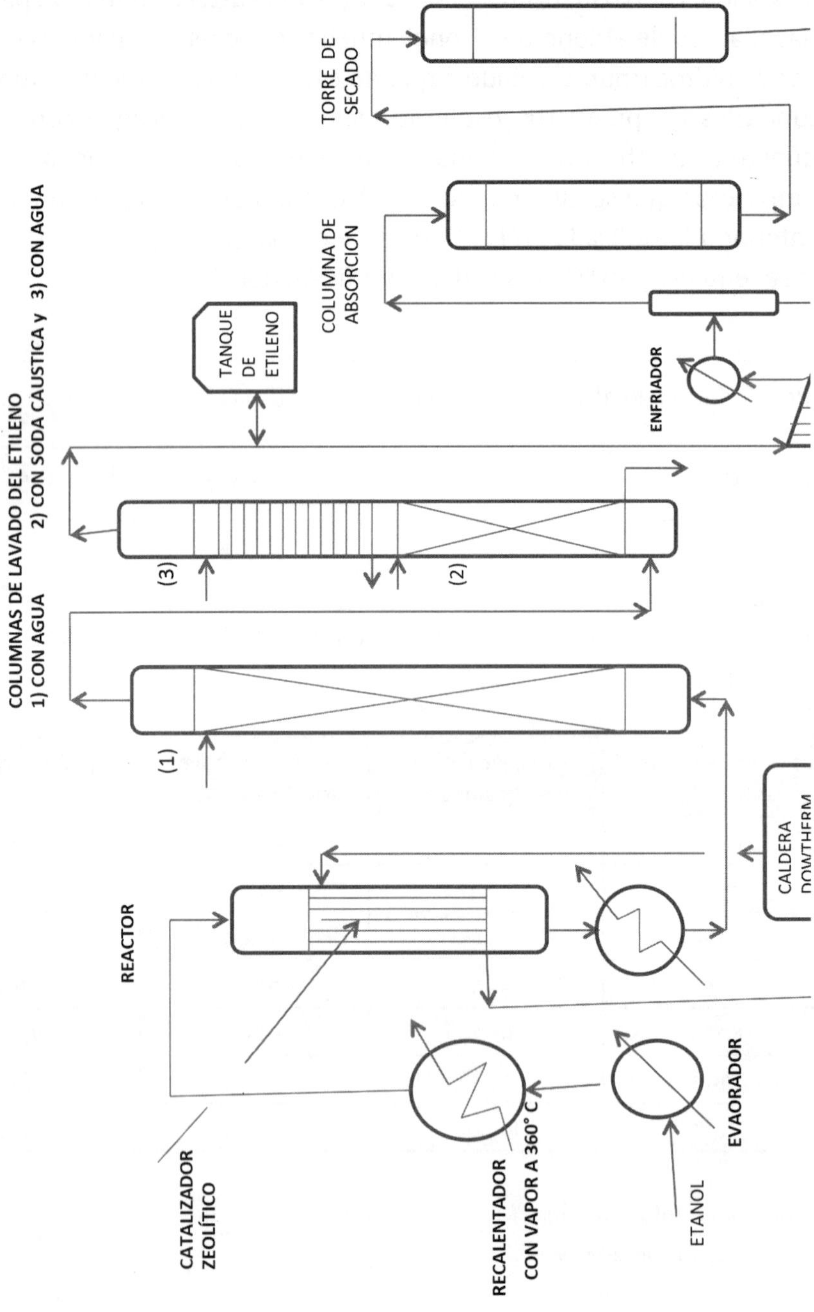

1.5.- El etileno y sus principales derivados.

El etileno constituye el punto de partida para la obtención de una gran cantidad de productos de la química orgánica como se muestra en la Figura N° 8. Anteriormente y a principios del siglo XX muchos de estos productos eran producidos a partir del acetileno obtenido haciendo reaccionar el carburo de calcio con el agua.

Por ese entonces el químico alemán Walter Reppe (1892/1969) había desarrollado una serie de reacciones partiendo del acetileno, que se denominaron " química del acetileno" y también "química de Reppe", la que a partir del acetileno, empleando catalizadores metálicos introducidos por Reppe y utilizando altas presiones, permitió la obtención de numerosos productos como el acrilonitrilo, el cloruro de vinilo, el caucho de cloropreno y muchos otros.

Con el desarrollo a principio del siglo XX, primero del cracking térmico y luego del cracking catalítico, para aumentar la producción de nafta y gas oil y el elevado costo del carburo, se promovió el desarrollo de la producción de etileno a partir de hidrocarburos que terminó remplazando la química del acetileno por la química del etileno. Reemplazo que pronto se consolidó por el aumento creciente de la escala de producción de las plantas de etileno que determinó reducciones del precio del etileno comparado con el alto precio del acetileno producido en pequeñas plantas a partir de carburo de calcio de elevado costo producido en hornos eléctricos.

No obstante en algunos países con mercados locales pequeños y el etileno aún no disponible, se instalaron plantas en la década de 1960, que utilizaban acetileno. Este fue el caso de la Argentina donde comenzaron a funcionar en la década de 1960 dos plantas de PVC vía carburo de calcio, una en Rio Negro y la otra en Mendoza, ambas de pequeña escala, que fueron luego remplazadas en la década de 1990 por otra planta a partir de etileno de 230.000 de PVC/año al comenzar la producción de etileno en gran escala en el Polo de Bahia Blanca, Pcia. de Buenos Aires.

Figura N° 8 – EL ETILENO Y SUS PRINCIPALES DERIVADOS

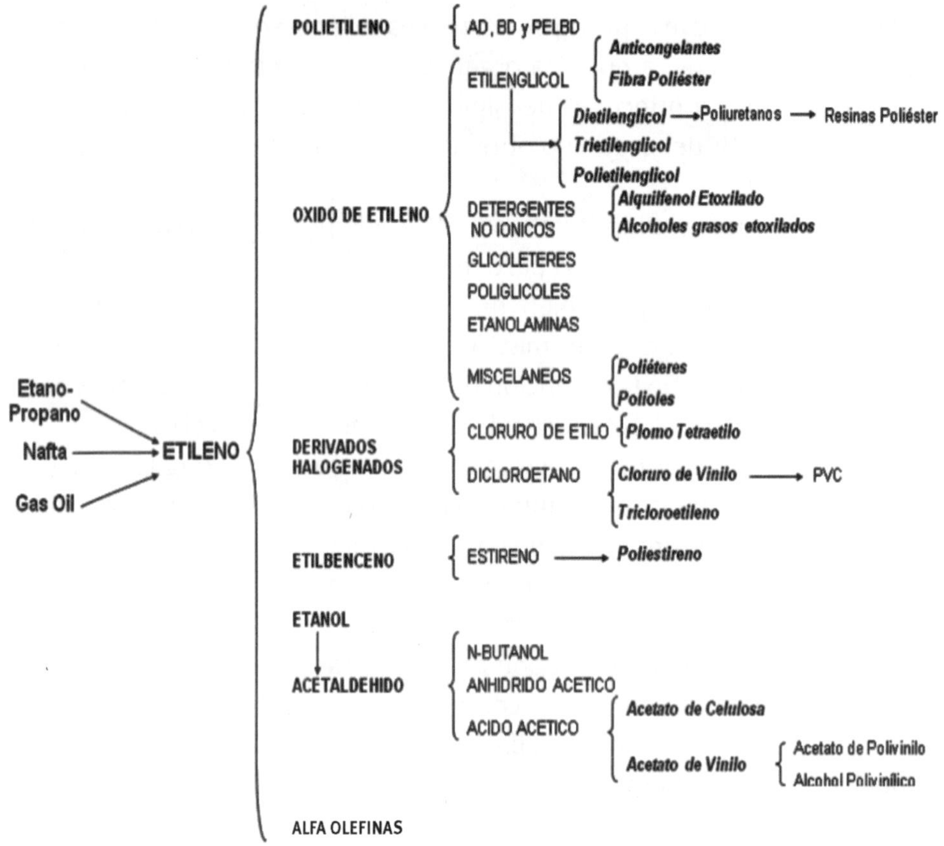

1.5.1.-Polietileno.

El Polietileno es la poliolefina mas sencilla y moldeable por excelencia, es el principal derivado del etileno. Fue desarrollado por ICI (Imperial Chemical Industries) en 1933 e inició su producción industrial en Inglaterra a principios de 1942 con el polietileno de baja densidad que tuvo un rápido crecimiento. Actualmente la demanda mundial de los tres tipos de polietileno: baja densidad (PEBD), alta densidad (PEAD) y lineal de baja densidad(PELBD), que alcanzó en el 2010 a 80 MM de toneladas, se proyecta con un crecimiento anual entre el 4,5% para el PEBD y PELBD y del 5,5% para el PEAD.

De todos los plásticos el polietileno es químicamente el más sencillo y es probablemente el que más se utiliza en la vida diaria. Es el plástico más popular del mundo, con el que se fabrican masivamente variados artículos tales como, las bolsitas plásticas, film, envases de todo tipo, juguetes para los niños, cañerías y válvulas, contenedores, baldes, chalecos a prueba de balas, autopartes, etc.

Tiene una estructura muy simple que se forma por la adición de moléculas de etileno originando una cadena que puede ser muy ramificada como es el PEBD o algo ramificada como en el caso del PEAD ó muy poco ramificada con cadenas laterales de pocos átomos de carbono como es el PELBD.

A continuación se describen las principales características de los distintos tipos de polietileno:

Características	PEBD	PEAD	PELBD
Grado de cristalinidad[%]	40 hasta 50	60 hasta 80	30 hasta 40
Densidad [gr/cm^3]	0,915 hasta 0,935	0,94 hasta 0,97	0,90 hasta 0,93
Temperatura de cristalización [°C]	105 hasta 110	130 hasta 135	121 hasta 125
Estabilidad química	Buena	excelente	Buena
Estrés a ruptura [N/mm^2]	8,0 – 10,0	20,0 – 30,0	10,0 - 30,0
Elongación a ruptura [%]	20	12	16
Módulo elástico E [N/mm^2]	200	1000	-
Coeficiente de expansión lineal [K^{-1}]	$1{,}7.10^{-4}$	2.10^{-4}	2.10^{-4}
Temperatura máxima permisible [°C]	80	100	-
Temperatura de reblandecimiento [°C]	110	140	-

El grado de cristalinidad nos indica el porcentaje de polímero que se encuentra cristalizado y está relacionado con su densidad, su resistencia mecánica y su transparencia. Esta última generalmente aumenta cuando disminuyen las partes cristalizadas y aumentan las zonas amorfas del polímero, en cuyo caso también suele disminuir la densidad. Un aumento de las cadenas que lograron ordenarse por tener pocas ramificaciones y poder entonces acercarse y lograr así cristalizar, mejoran la resistencia mecánica. Al ocupar de esta manera menos lugar también aumenta la densidad del polímero.

Estas variaciones pueden observarse en la tabla si comparamos el PEBD con el PEAD, donde éste último que está formado por cadenas lineales poco ramificadas, muestra una mayor densidad y una mejor resistencia mecánica que el PEBD. Por el contrario un film de PEBD tiene mayor transparencia que un film de PEAD. La combinación de estas propiedades determina en cada tipo de polietileno sus diferentes aplicaciones.

El polietileno, como todos los polímeros, está constituido por una mezcla de cadenas moleculares formadas por los monómeros, en este caso por moléculas de etileno. Estas cadenas que son de distinta longitud varían ampliamente, coexistiendo cadenas cortas y largas, cuyo conjunto constituye el producto que llamamos polímero. El peso molecular de una molécula de polietileno resulta igual a la suma de los pesos de las moléculas de etileno que forman la cadena y cada molécula de polietileno, dado que pueden tener distinta longitud, pueden tener a su vez un número distinto de moléculas de etileno y por lo tanto también un peso molecular diferente. Esto significa que solo podemos hablar de un peso molecular promedio para cada tipo de polímero. El peso molecular promedio puede cambiarse modificando las condiciones operativas del proceso de producción de acuerdo precisamente con el tipo de polímero que se quiere obtener. Este peso molecular promedio está relacionado con la distribución de los pesos moleculares de las distintas cadenas moleculares que coexisten en un determinado tipo de polímero. En un PEBD producido a alta presión se tiene por ejemplo una distribución de pesos moleculares amplia, es decir se hallan presentes moléculas cortas y moléculas largas, o sea de distintas dimensiones, circunstancia que sumada al hecho de que tienen muchas ramificaciones, resulta un polietileno muy fácil de moldear, con baja cristalinidad, buena transparencia y mediana resistencia mecánica. En cambio el PELBD, tiene una distribución de pesos moleculares angosta, esto significa que la mayoría de las cadenas moleculares presentes, que son lineales y muy poco ramificadas, tienen similar longitud y peso, logrando una mejor resistencia mecánica que la del PEBD. A su vez el PEAD puede tener una distribución ancha que resulta apta para su transformación en máquinas de extrusión y soplado, o bien una angosta apta para operaciones en máquinas de inyección; estas variaciones de la distribución se logran de acuerdo con las condiciones utilizadas durante el proceso de polimerización. Es importante destacar que continuamente se producen innovaciones tecnológicas, sobre todo en la producción del PELBD que permiten obtener polímeros con propiedades más amplias con posibilidades de ser utilizados en lugar del PEBD ó del PEAD.

En general el polietileno es estable al agua, no es oxidable por ácidos, ni atacados por bases, alcoholes, etc. a temperaturas ordinarias.

Puede ser atacado por ácidos oxidantes como el nítrico y el perclórico, ó por ciertos solventes como el benceno, el éter de petróleo e hidrocarburos aromáticos y halogenados.

Procesos de polimerización.-

El proceso de polimerización del etileno es fuertemente exotérmico y los polímeros en este caso resultan de reacciones de adición de una gran cantidad de moléculas de monómero.

La polimerización se realiza en presencia de un catalizador que varía de acuerdo con el proceso y el tipo de polietileno que se quiere obtener:

$$n\,CH_2{=}CH_2 \rightarrow (-CH_2-CH_2-)_n \qquad \Delta H = -\,25{,}4 \text{ Kcal/mol de etileno}$$

(n, el número de moléculas intervinientes es muy variable, puede ser igual a 12 ó menos para cadenas muy cortas, ó bien llegar a cientos de miles para cadenas muy largas)

El calor generado durante el proceso de polimerización debe eliminarse para evitar elevaciones de la temperatura que puedan afectar la velocidad de reacción y la calidad del producto. En el proceso de alta presión, para producir PEBD, la temperatura se mantiene entre 190°C y 200°C y en los procesos a baja presión para producir PEAD y PELBD la temperatura varía entre 60°C y 100°C.

Los catalizadores empleados en la polimerización del etileno a altas presiones son radicales libres generados por oxígeno molecular, peróxidos ó azo-compuestos y para los procesos a baja presión se utilizan catalizadores a base de óxidos de metales de transición como el cromo ó el molibdeno, ó bien catalizadores tipo Ziegler-Natta de acuerdo con la tecnología de producción seleccionada.

El descubrimiento de estos dos últimos sistemas catalíticos órgano metálicos realizados en forma paralela por el químico alemán Karl Ziegler (1898-1973) y el italiano Giulio Natta (1903-1079) permitieron reducir las altas presiones utilizadas para producir polietileno a valores muy inferiores, simplificando considerablemente el equipamiento de los procesos de producción y reduciendo los costos de inversión. Pero lo más importante del descubrimiento fue no solo la reducción de las presiones durante la polimerización, sino que se podían obtener toda una nueva generación de polímeros de cadenas lineales, como el PEAD y los PELBD. Estos nuevos conocimientos sobre la polimerización del etileno que se extendieron rápidamente al propileno, le dieron un tremendo impulso a la industria de los plásticos, desarrollándose nuevas tecnologías y polímeros prácticamente hechos a medida para determinadas aplicaciones.

Las principales características de los diferentes procesos de polimerización se resumen a continuación:

- Polietileno de baja densidad PEBD: proceso en autoclave o proceso con reactor tubular, ambos a 3000 bar de presión y temperaturas entre 80°/100°C. Catalizador oxígeno molecular.
- Polietileno de alta densidad PEAD: proceso en suspensión (slurry) o en fase gas. Ambos a presiones bajas. En el poceso "slurry" la polimerización se realiza a 8 bar y 85°C sobre partículas de catalizador mantenidas en suspensión en hexano mediante agitación dentro de un reactor continuo. El peso molecular se controla con H_2 que se introduce junto con el etileno.
- Polietileno lineal de baja densidad PELBD: polietileno lineal muy poco ramificado producido primeramente por Union Carbide de EEUU con el proceso Unipol en fase gas, también se produce en solución, proceso Solution Dow y con el proceso slurry o suspensión. En el proceso Unipol en fase gas la polimerización se realiza sobre un catalizador tipo Ziegler-Natta ó a base de cromo, que se encuentra suspendido en un lecho fluidizado por la corriente ascendente de etileno que entra por la parte inferior del reactor. El sistema opera en continuo, a medida que se va produciendo el polietileno es retirado por la parte media del reactor y el etileno no reaccionado sale por la parte superior y se recicla. El proceso Dow opera en cambio en medio de un solvente pesado donde el etileno disuelto se polimeriza en presencia de un catalizador tipo Ziegler de alta actividad. Con este proceso se pueden obtener polietilenos lineales de alta y baja densidad.

- Los procesos descriptos producen en la polimerización polietilenos al estado fundido, es decir como un líquido viscoso, como es el caso del PEBD ó bien como un polvo como sucede en en los otros procesos que obtienen el PEAD y los PELBD y PELAD. En todos los casos el producto requiere el agregado de aditivos antes de su comercialización que tienen por objeto mejorar el comportamiento del polímero durante y después del moldeo del producto final. Generalmente se agregan antioxidantes, estabilizantes y de protección UV. Esta operación de mezclado con los aditivos se realiza en un extrusor donde los aditivos previamente dosificados se agregan al polietileno, lográndose con el mezclado una perfecta homogenización del producto que sale finalmente del extrusor a través de una placa con orificios donde es cortado por una cizalla bajo una corriente de agua. Se obtiene así el polietileno en forma de pellets, que después de secados son almacenados y embolsados para la venta.

Productores de polietileno en la República Argentina:

En la actualidad el único productor en la Argentina es PBB Polisur S.A. en sus dos plantas ubicadas en Puerto Galván y en Bahía Blanca (Pcia de Bs As). La composición accionaria es 100 % DOW Investment Argentina:

Tipos de polietileno, capacidad y procesos

Capacidades	Proceso
Polietileno de Baja Densidad convencional PEBD	90000 ton Arco-Alta Presión
Polietileno de Alta Densidad PEAD	120000 ton. Hoechst, slurry Baja Presión
Polietileno Lineal de Baja Densidad PELBD	150000 ton. Unipol Baja Presión 290000 ton. DOW Solution

(Ver descripción del Polo Petroquímico de Bahía Blanca en ANEXO II)

Estructura del mercado argentino % anual. (año 2010):

Aplicación	PEBD	PEAD	PELBD
Film	90	30	86
Soplado	---	36	---
Inyección	---	13	10
Extrusión	6	18	---
Varios	4	3	4

1.5.2.-Oxido de etileno.

El óxido de etileno es un gas incoloro, inflamable, tóxico, de olor dulce parecido al éter, es soluble en agua y en la mayoría de los solventes orgánicos.

Fórmula: 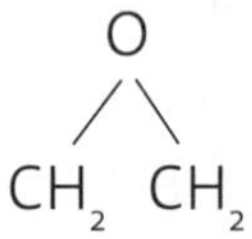

P.M: 44,05 g/mol
P.F: −121,1 °C
P.E: 10,4 °C
Densidad: 0,899 gr/cm³ a 4°C

El óxido de etileno es un compuesto de poder reactivo muy elevado. En estado líquido se polimeriza fácilmente, la reacción es muy exotérmica y puede llegar a ser explosiva.

Por razones de seguridad se lo comercializa disuelto en otros productos.

En la Argentina no se produce y se importa desde Brasil disuelto en óxido de propileno, con una concentración del 20 % al 30% ; de la cual se separa el óxido de etileno por destilación para la obtención de polioles. También se lo importa en pequeñas cantidades al estado líquido en garrafas y tubos de unos 10 Kg, para su utilización como esterilizante en la industria farmacéutica, hospitales y algunos usos industriales.

La producción del óxido de etileno se realiza en el lugar donde se lo consume para la obtención de sus derivados principalmente el monoetilenglicol, di y trietilenglicol, éteres glicólicos, etanolaminas, detergentes no iónicos y otros productos químicos.

La exposición al óxido de etileno puede causar irritación en ojos, nariz y garganta, dolor de cabeza, naúseas, vómitos y dificultad para respirar.

Existen dos procesos para su producción, de ellos el primero que se utilizó empleó al cloro como agente oxidante del etileno vía la etilenclorhidrina y el segundo es un proceso que utiliza directamente el oxigeno del aire para la oxidación.

El proceso de la clorhidrina fue introducido durante la primer guerra mundial en Alemania por la BASF:

$$CH_2 = CH_2 + Cl_2 + H_2O \rightarrow \underset{\text{Etilenclorhidrina}}{CH_2OH\text{-}CH_2Cl} + HCl$$

$$2\,CH_2OH - CH_2Cl + Ca(OH)_2 \rightarrow CaCl_2 + CH_2\overset{O}{\wedge}CH_2 + 2\,H_2O$$

En este proceso el cloro primero forma ácido hipocloroso con agua (HClO) que actúa como oxidante del etileno y la etilenclorhidrina formada se descompone con una suspensión de cal formando el óxido de etileno y cloruro de calcio. El método si bien es simple tiene el inconveniente que todo el cloro utilizado se pierde finalmente como cloruro de calcio originando un subproducto de poco valor. Este proceso fue posteriormente reemplazado por la oxidación directa del etileno con oxigeno puro o aire en presencia de un catalizador de plata a unos 250 °C. Se obtienen como productos secundarios de la reacción agua y CO_2.

En la Figura N° 9 puede verse el esquema de la obtención del óxido de etileno, conjuntamente con la de los etilenglicoles, (mono, di y tri). Esta producción conjunta constituye una unidad de producción, dado que por razones de seguridad no es conveniente trasladar y almacenar en cantidad el óxido de etileno.

FIGURA N°9: OBTENCIÓN DEL OXIDO DE ETILENO Y ETILENGLICOLES

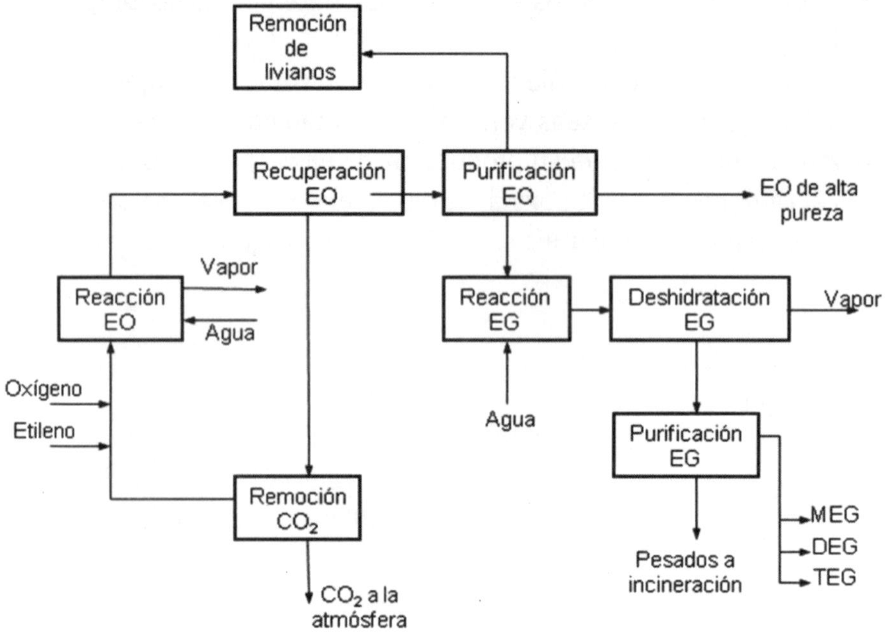

REFERENCIAS:
EO = Oxido de Etileno
EG = Etilen Glicol
MEG = Mono Etilen Glicol
DEG = Di Etilen Glicol
TEG = Tri Etilen Glicol

Reacciones:

- Principal

$$CH_2 = CH_2 + 1/2O_2 \rightarrow CH_2 \overset{O}{\diagup\diagdown} CH_2 + 104{,}6\ \text{KJ / gmol de etileno}$$

- Secundaria

$$CH_2 = CH_2 + 3O_2 \rightarrow 2CO_2 + 2H_2O$$

- ***Mercado del óxido de etileno.***

La composición del mercado mundial estimado para una demanda de 20 MM de toneladas para el año 2007 fue la siguiente :

Etilenglicol	59 %
Agentes tensioactivos	13 %
Poliglicoles	8 %
Etanolaminas	8 %
Glicol Eteres	6 %
Varios	6 %

Su consumo está fuertemente influenciado por la demanda de glicoles y se estiman crecimientos superiores al 3,5 % anual.

1.5.2.1.- Derivados del óxido de etileno.

- ***Etilenglicol***

El etilenglicol y sus derivados no se producen en la Argentina. En el año 2010 se importaron unas 88.276 toneladas destinadas principalmente a la producción de PET. El etilenglicol es un líquido incoloro, soluble en agua y solventes orgánicos como alcoholes de cadena corta, aldehídos y piridina. Prácticamente insoluble en benceno y otros aromáticos, hidrocarburos halogenados y éter de petróleo.

El etilenglicol se utiliza como anticongelante en sistemas de refrigeración, humectante industrial, solvente para la industria de pinturas, tintas y plásticos. Se usa en la síntesis de resinas, plastificantes, elastómeros, fibras sintéticas, etc.

Es tóxico y se requieren precauciones en su manipulación. Su ingestión es peligrosa, puede ocasionar estimulación del sistema nervioso central, seguida de depresión, vómitos, coma, convulsiones y daño renal.

Etilenglicol:

Fórmula: $HO\text{-}CH_2\text{-}CH_2\text{-}OH$
P.M: 62,07 g/mol
P.E: 197 °C

P.F: -16 °C
Densidad: 1,113 g/cm^3 a 20 °C

Obtención del etilenglicol:
Hidratación del Oxido de Etileno en presencia de H_2SO_4 (1%)

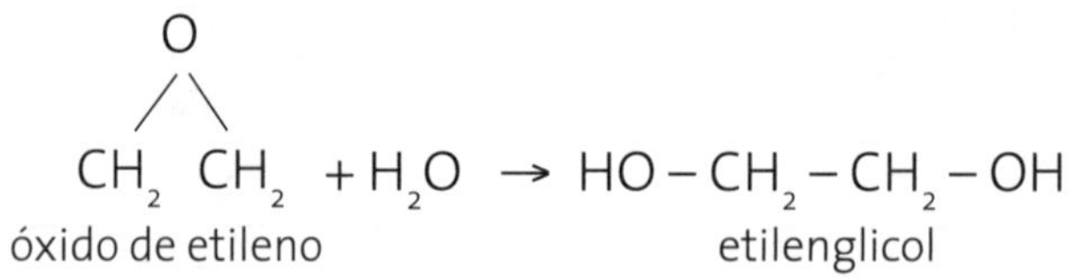

- Aplicaciones del Etilenglicol en la República Argentina, año 2010.

Polietilentereftalato-PET	93 %
Anticongelantes y refrigerantes	4%
Secado de gases	1 %
Varios	2 %

- ***Poliglicoles.***

Se obtienen por reacción de una o más moléculas de óxido de etileno con una molécula de un glicol, resultando el dietilenglicol o los poliglicoles. No se producen en la Argentina. Se utilizan en líquidos para frenos, lubricantes, obtención de poliuretanos, solventes, colorantes textiles y humectantes. Su ingestión puede ser peligrosa, con síntomas similares a los del etilenglicol.

Dietilenglicol: Etilenglicol, con una molécula de óxido de etileno.

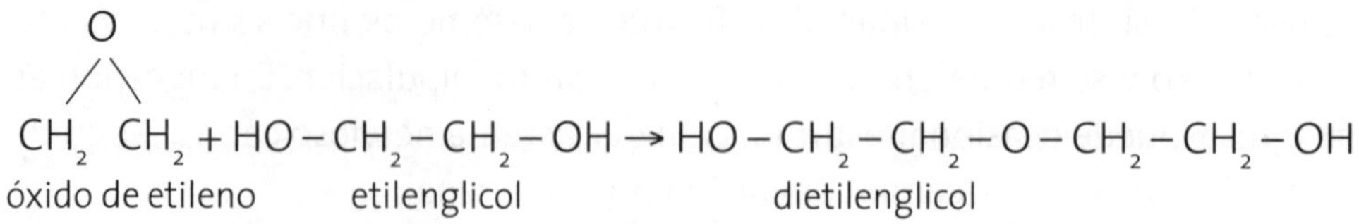

Fórmula: $CH_2OH\text{-}CH_2\text{-}O\text{-}(CH_2)_2\text{-}OH$
P. M: 106,12 g/mol
P.F: - 6,5 °C
P.E: 244 – 245 °C

Densidad: 1,118 g/cm³ a 20 °C

Polientilenglicol (diol poliéter): Etilenglicol, con n moléculas de óxido de etileno.

$$n\overset{\overset{O}{/\ \backslash}}{CH_2\ \ CH_2} + HO-CH_2-CH_2-OH \rightarrow HO-CH_2-CH_2-O-(CH_2-CH_2O)_n-H$$

óxido de etileno etilenglicol polietilenglicol

Con otro alcohol: se obtienen los glicol éter

$$\overset{\overset{O}{/\ \backslash}}{CH_2\ \ CH_2} + R-OH \rightarrow R-O-CH_2-CH_2-OH$$

Los glicol éteres tienen aplicación como solventes en pinturas, como componentes en los líquidos para frenos, en pastas para tintas de bolígrafos, como emulgente, regulador de viscosidad, etc. Se los conoce con el nombre comercial de "Cellosolve", "Carbitol", etc.

Importancia Industrial de los Polietilenglicoles.

Los polietilenglicoles son polímeros del óxido de etileno, que se representan con la siguiente fórmula general:

$$HO(CH_2CH_2O)_nH$$

Donde "n" es el número de unidades de óxido de etileno adicionadas y se conoce como "grado de etoxilación". Se obtienen así productos de distintos pesos moleculares, lo que posibilita su utilización en diferentes aplicaciones.

Por otra parte, el largo de la cadena de polioxietileno y la consecuente variación del peso molecular permite obtener productos líquidos o sólidos, con una amplia gama de viscosidad y consistencia.

Todos estos polímeros son muy higroscópicos y solubles en agua.

En la siguiente tabla se muestran las características de distintos polietilenglicoles:

Polietilenglicol	Nº moles de Óxido de Etileno	Peso molecular promedio	Apariencia a 25 °C
Polietilenglicol 200	4	190 – 210	Líquido translúcido
Polietilenglicol 300	6	285 – 315	Líquido translúcido
Polietilenglicol 400	8	380 – 420	Líquido translúcido
Polietilenglicol 600	12	570 – 630	Líquido translúcido
Polietilenglicol 1000	20	950 – 1050	Sólido
Polietilenglicol 1500	32	1425 – 1575	Sólido
Polietilenglicol 3500	-	3160 – 3800	Copos blancos
Polietilenglicol 4000	75	3600 – 4400	Copos blancos
Polietilenglicol 6000	150	5400 – 6600	Copos blancos
Polietilenglicol 8000	-	7000 – 9000	Copos blancos

Segmentos de Aplicación:

Adhesivos: Humectante, plastificante, lubricante y antiestático.
Agricultura: Fabricación de fertilizantes.
Caucho: Lubricante, desmoldante, promotor de vulcanización, antiestático.
Cerámica: Plastificante, lubricante, aglomerante, vehículo y agente tixotrópico.
Cueros: Materia prima para esterificación de ácidos grasos para obtener propiedades emulsionantes, ablandadoras, lubricantes, humectantes y antiestáticas.
Detergentes: Vehículo, agente de consistencia, obtención de tensioactivos polioxietilenados.
Lubricantes: Agente de resistencia térmica.

Medio Ambiente: Absorción de compuestos clorados, fenoles y aromáticos.

Papel: Humectante, plastificante, agente ablandador.

Poliuretanos: Flexibilidad y elasticidad en polioles.

Pinturas: Solvente, dispersante, humectante, aglomerante, vehículo, agente de consistencia y resistencia al agua, plastificante.

Tratamiento de madera: Tratamiento de madera verde y antigua: Estabilidad dimensional, preservación.

Tratamiento de metales: Pasta de pulimentos, circuitos impresos: Vehículo, aglomerante, lubricante, agente antisalpicadura.

Textil: Materia prima para esterificación de ácidos grasos para obtener propiedades emulsionantes, ablandadoras, lubricantes, humectantes y antiestáticas.

- *Agentes Tensioactivos.*

Alquil fenoles etoxilados.

Son detergentes duros, no iónicos, no biodegradables, solubles en agua. Las características de duro y no biodegradable, se deben a que la cadena del noneno es ramificada ya que se lo obtiene a partir de tres moléculas de propileno. Las cadenas carbonadas cuando son ramificadas no son biodegradables por bacterias, dando como resultado una gran contaminación en los ríos, que puede observarse por la permanencia de la espuma. Los detergentes biodegradables tienen las cadenas carbonadas sin ramificaciones, son lineales.

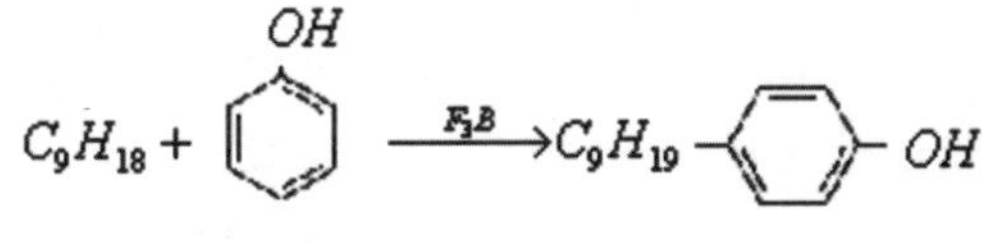

Noneno p - nonilfenol

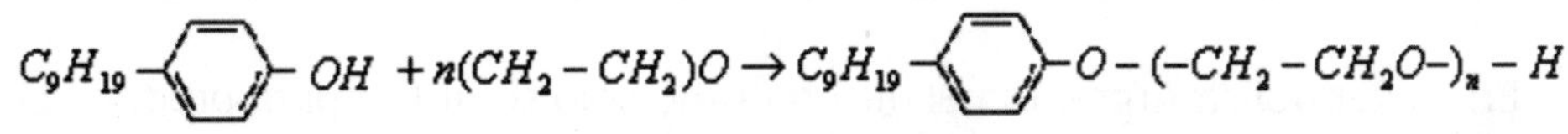

p – nonilfenol óxido de etileno nonilfenol etoxilado (n = 5 a 10)

Alcoholes etoxilados.

Son detergentes blandos, biodegradables solubles en agua. Son degradados por las bacterias, por lo que no son contaminantes. Se obtienen a partir de monoalcoholes grasos de cadena lineal ($C_{10} - C_{18}$)

$$C_{16}H_{33}OH + nCH_2\overset{O}{\diagup\,\diagdown}CH_2 \rightarrow C_{16}H_{33}-O-(CH_2-CH_2-O-)_nH$$

alcohol cetílico   óxido de etileno   alcohol cetílico etoxilado

1.5.3.-Derivados Halogenados.

-Dicloroetano.

El dicloroetano (DCE) es un líquido incoloro que como todos los hidrocarburos clorados es muy tóxico. Poco soluble en agua: 0,869 gr en 100 ml a 20 °C, soluble en alcohol, éter y otros solventes orgánicos.

Fórmula: $Cl\,CH_2 - CH_2\,Cl$

PM = 98,97 g/mol

P.E. = 84 °C

P.F. = -35 °C

Densidad = 1,2531 g/cm^3 a 20°C

Principales aplicaciones:

Producción de cloruro de vinilo	90 %
Otros: (percloroetileno, metil cloroformo, cloruro de vinilideno y etilenaminas)	10%

En la República Argentina el dicloroetano sólo se utiliza para producir cloruro de vinilo. Lo produce y lo utiliza íntegramente la empresa SOLVAY INDUPA SAIC, en Bahía Blanca a partir de cloro proveniente de su planta de cloro-soda y del etileno proveniente de PBB POLISUR SA. La capacidad instalada es de 231.000 t/a (año 2011).

Lo produce por cloración directa del etileno y posterior purificación por destilación fraccionada, según la siguiente reacción.(Proceso B. F. Goodrich)

Se utiliza $FeCl_3$ como catalizador:

$$CH_2 = CH_2 + Cl_2 \rightarrow ClCH_2 - CH_2Cl \text{ (1,2 dicloroetano ó DCE)}$$

También y como parte de su integración con la planta de cloruro de vinilo es producido por oxicloración del etileno con ácido clorhídrico:

$$CH_2 = CH_2 + 2\,HCl + 1/2\,O_2 \rightarrow ClCH_2 - CH_2Cl + H_2O$$

Esta reacción es catalizada por $CuCl_2$ soportado sobre alúmina ó sílice. Lo que sucede en esta reacción de oxicloración es que probablemente el cloro es formado "in situ", el cuál luego se adiciona al etileno como en la cloración directa. Esta reacción para obtener cloro del HCl fue descubierta por Deacon en 1858 quién hacia pasar cloruro de hidrógeno mezclado con el oxígeno del aire a 450 °C por una cámara llena de bolas de arcilla impregnadas con una solución de sulfato de cobre. Se obtiene así una corriente de cloro diluida mezclada con el nitrógeno del aire y cloruro de hidrógeno no reaccionado.

-Cloruro de Vinilo.

Es un gas que se lo almacena al estado líquido bajo presión y con inhibidores para evitar su polimerización. Poco soluble en agua y soluble en alcohol y otros solventes orgánicos. Es tóxico y causa cáncer en el hígado y está en la lista de los productos reconocidos por su potencial cancerígeno.

Se lo llama VCM (vinyl chloride monomer) ó CVM en español. También cloreteno ó cloroetileno.

Fórmula: $CH_2 = CHCl$
PM: 62,481 g/mol
P.E: -13,9 °C
Densidad: 0,970 gr/cm^3 a -14°C

El cloruro de vinilo tiene como aplicación fundamental, su utilización como monómero para la producción del polímero policloruro de vinilo, llamado comúnmente PVC. En pequeñas cantidades se lo utiliza para la obtención de otro monómero: el cloruro de vinilideno, $CH_2 = CCl_2$ y solventes clorados como el tricloro y tetracloro etileno.

Existen dos procesos para la obtención del cloruro de vinilo, uno y el más antiguo es a partir del acetileno por adición del cloruro de hidrógeno anhidro. Se utiliza el $HgCl_2$ soportado sobre carbón activado como catalizador y la reacción se hace en fase gaseosa a 149° / 200 °C:

$$CH \equiv CH + HCl \rightarrow CH_2 = CHCl$$

Este proceso utiliza el carburo de calcio para generar el acetileno, lo cuál lo hace antieconómico debido al precio elevado del carburo que por ser obtenido en hornos eléctricos es un producto electrointensivo y dependiente del costo de la energía.

Debido a la mayor disponibilidad de etileno y su menor precio, al producirse en plantas cada vez de mayor tamaño, actualmente reemplazó el método del acetileno y sólo se utiliza el proceso a partir del dicloroetano, el cuál se transforma en cloruro de vinilo por calentamiento en un horno de pirólisis:

$$ClCH_2 - CH_2Cl + calor \rightarrow CH_2 = CHCl + HCl$$

Este proceso se integra con los dos métodos vistos anteriormente para obtener el dicloroetano. Por un lado, una parte del dicloroetano se obtiene a partir de etileno y cloro, y por otro mediante la oxicloración se recupera el cloro del HCl producido en la pirólisis del dicloroetano para producir el cloruro de vinilo. En el siguiente esquema (Figura N° 10) puede observarse todo el proceso integrado:

FIGURA N° 10: Proceso de obtención del Cloruro de Vinilo Monómero

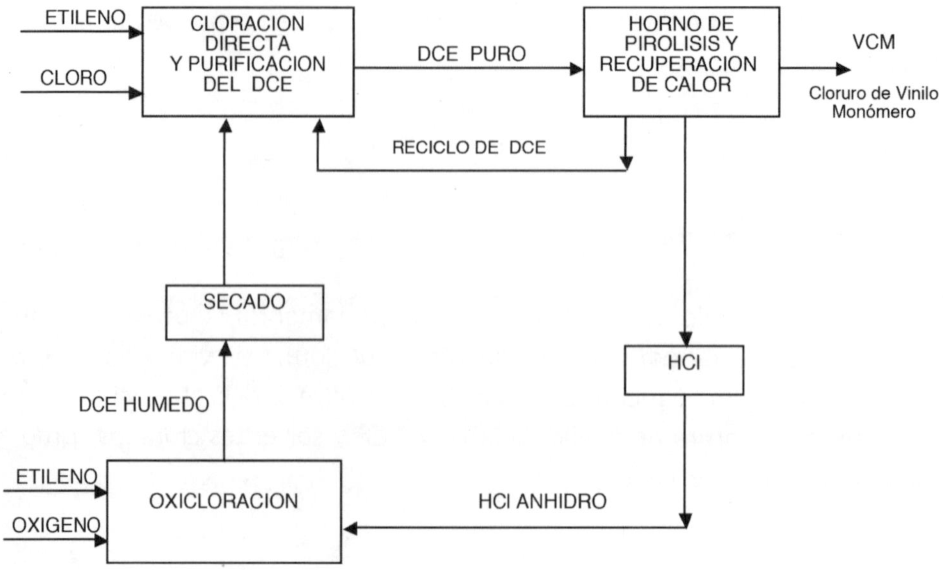

La oxicloración del etileno se realiza en fase gaseosa reaccionando el cloruro de hidrógeno anhidro en presencia de oxígeno con el etileno a 220° / 240 °C y 2 / 4 bars con formación de dicloroetano (DCE) y agua. La reacción es fuertemente exotérmica y el calor es recuperado generando vapor a 17,5 barg, que puede ser usado en otras partes de la planta.

La etapa posterior de transformación del DCE en CVM se realiza en fase gaseosa en un horno de pirólisis a 500°/ 600 °C y 25 / 35 bars, dentro de tubos de una aleación especial (Ni, Cr) muy resistente al calor y la corrosión. La reacción es endotérmica y alcanza una conversión del DCE a CVM del 50 al 69 %.

En la Argentina el único productor es SOLVAY INDUPA SAIC, que está ubicada en el polo petroquímico de Bahía Blanca, tiene una capacidad de 230.000 t/a y la dedica a la producción de PVC, consumiéndose actualmente en el mercado local todo lo que se produce.

-Tricloroetileno y Percloroetileno.

Estos productos clorados derivados del etileno son líquidos, con una densidad superior a uno y con un punto de ebullición más elevado que los productos clorados vistos anteriormente debido a la presencia de una mayor proporción de cloro en la molécula:

Fórmula del percloroetileno ó tetracloroetileno: $Cl_2C= CCl_2$
P.M: 165,83 g/mol
P.E: 121,2 °C
P.F: -22,35 °C
Densidad: 1,6230 gr/cm^3 a 20°C

Fórmula del tricloroetileno $ClHC = CCl_2$
P.M: 131,39 g/mol
P.E: 87 °C
P.F: -73 °C
Densidad: 1,4649 gr/cm^3 a 20°C

Ambos derivados clorados se utilizan como solventes en la limpieza de metales y en tintorería, limpieza en seco (dry cleaning) y en el procesamiento de textiles.

Estos compuestos deben usarse bajo una adecuada ventilación ya que la sobreexposición puede ocasionar: dolor de cabeza, vértigo, temblores, somnolencia, nauseas, irritación de ojos y vías respiratorias, dermatitis y son potencialmente cancerígenos.

Se obtienen ambos a partir del dicloroetano en una simple etapa por oxicloración:

$$2\,C_2H_4Cl_2 + 1{,}5\,Cl_2 + 1{,}7\,O_2 \rightarrow C_2HCl_3 + C_2Cl_4 + 3{,}5\,H_2O$$

Estos productos no se producen en la Argentina y se importan alrededor de 900 t/año de tricloroetileno y 1200 t/año de tetracloroetileno. (año 2011)

1.5.4.- Etilbenceno y Estireno.

- Etilbenceno

El etilbenceno es un líquido incoloro, insoluble en agua y soluble en solventes orgánicos. Debe tenerse precaución durante su manipulación, causa irritación de los ojos, de la piel y de las mucosas. Es tóxico y en altas concentraciones es narcótico.

Fórmula: C_6H_5-CH_2-CH_3
PM: 106,16 g/mol
PE: 136,25 °C
PF: - 95,01 °C
Densidad: 0,867 g/cm^3 a 20°C

Se lo utiliza como solvente, en síntesis orgánicas y fundamentalmente, para obtener el estireno. En la Argentina lo produce Petrobrás Energía S.A. en la planta de San Lorenzo (Pcia de Santa Fé), ex PASA, a partir del etileno y benceno. La capacidad de producción (2011) es de 180000 t/a y se lo destina 100 % a la producción de estireno.

Se obtiene a partir de la alquilación del benceno con etileno, tradicionalmente se produce por la reacción de Friedel – Crafts de alquilación con Cl_3Al-ClH, proceso que aún se utiliza en numerosas plantas en diversas partes del mundo. Se han desarrollado otros procesos en fase gas como el de Mobil – Badger o el de CDTECH EB que utiliza una zeolita como catalizador a 420 °C y 175 a 300 psi que evita los problemas de corrosión.

Se utiliza un exceso de benceno, en una relación en moles de 1 de benceno y 0,6 de etileno. De esta manera se evita en parte, la formación de di y tri-etil bencenos.

En nuestro país se utiliza este proceso con una zeolita especialmente formulada como catalizador que se ubica en una columna de destilación. La zeolita especialmente formulada, se ubica empaquetada dentro de la columna y puede utilizar etileno de distintas concentraciones, desde el 10 % hasta el 100 %.

La columna que hace las veces de un reactor, destila por el tope el etilbenceno que se va formando y el etileno y el benceno no reaccionado, ver Figura N°11.

Reacción exotérmica:

$$C_6H_6 + H_2C{=}CH_2 \rightarrow C_6H_5\text{-}CH_2\text{-}CH_3 - 27\ \text{Kcal/mol}$$

FIGURA Nº 11: PROCESO CDTECH EB – ESQUEMA DE PRODUCCIÓN

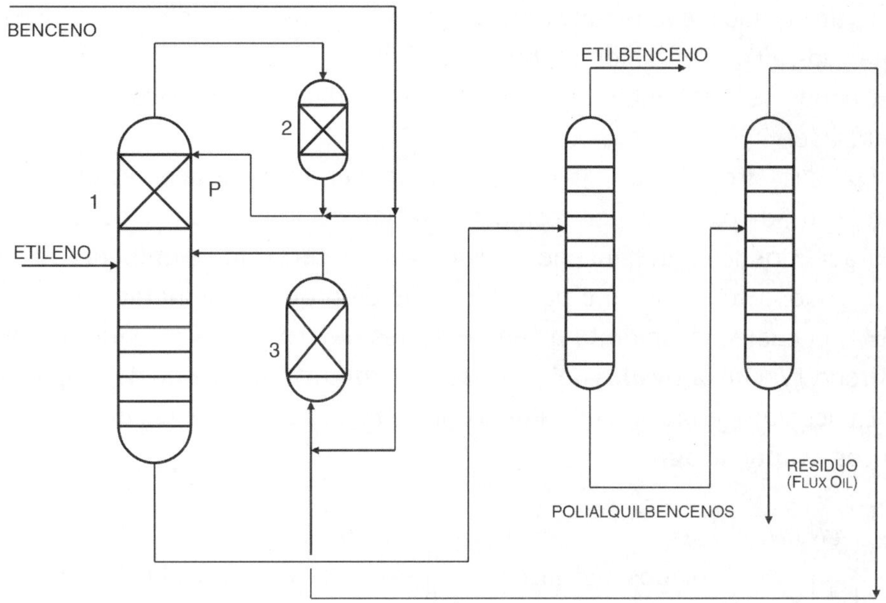

REFERENCIAS: Proceso CDTECH EB utilizado por Petrobrás Energía en San Lorenzo (Ex PASA)

(1): Reactor de alquilación, opera como una columna de destilación, con una zeolita como catalizador.

(2): Reactor secundario de alquilación donde reaccionan el etileno y benceno que salen como vapor del tope de la columna y que no reaccionaron en (1).

(3): Reactor de transalquilación con benceno que transforma los di y tri alquil bencenos en una cantidad adicional de monoetilbenceno.

- Estireno (Vinilbenceno)

Fórmula:

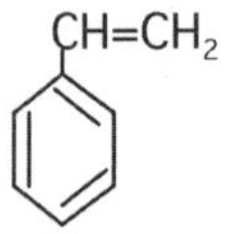

PM: 104,15

PE: 145 °C

PF: -31 °C

Densidad: 0,907 g/cm^3 a 20 °C

Es un líquido incoloro muy poco soluble en agua (< 1 %), soluble en solventes orgánicos, alcoholes e hidrocarburos aromáticos.

Cuando se lo calienta incrementa su viscosidad y a 200 °C comienza a polimerizarse.

Es tóxico, irritante de las mucosas, ojos y en concentraciones elevadas es narcótico. Se lo obtiene por deshidrogenación del etilbenceno o por el proceso "oxirane" donde el etilbenceno se oxida a hidroperóxido de etilbenceno y luego reacciona con propileno para dar óxido de propileno y metilbencil alcohol (MBA) el cuál se deshidrata a temperaturas de 180 – 400 °C para obtener el estireno. (Ver en derivados del propileno, la obtención de óxido de propileno).

La deshidrogenación del etilbenceno se realiza en presencia de óxidos metálicos y vapor de agua:

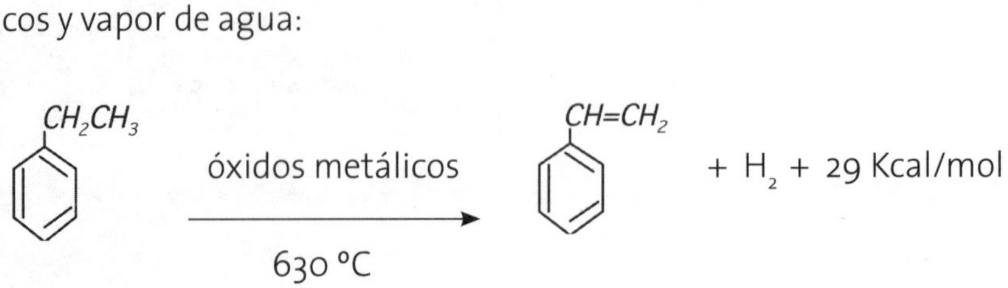

La reacción es fuertemente endotérmica. Se consumen entre 1,055 t a 1,052 t de etilbenceno por tonelada de estireno. Debido a que el estireno tiende a polimerizar rápidamente, ni bien se obtiene, se le agrega un antioxidante como el p-t-butilcatecol o del tipo butil hidroxi tolueno (BHT) en concentraciones del orden de 10 ppm.

En la Argentina lo produce Petrobrás Argentina (ex PASA) en San Lorenzo, Pcia de Santa Fé, a partir del etilbenceno que produce en el mismo complejo. La capacidad instalada (2011) es de 160.000 t/a y los principales usos son:

Poliestireno convencional y de alto impacto	56 %
Poliestireno expandible	16 %
Látices – Emulsiones	9 %
Resina Poliéster	9 %
Caucho estireno – butadieno	10 %

1.5.5.-Etanol

El etanol o alcohol etílico es un líquido incoloro, de olor característico. Se hidrata rápidamente con la humedad del aire. Es soluble en agua y en muchos solventes orgánicos. Debido a que es muy inflamable, debe conservarse siempre en recipientes cerrados en lugar fresco y lejos de las llamas.

Fórmula: CH_3CH_2OH
PM: 46,07 g/mol
PE: 78,3 °C
PF: - 115 °C
Densidad: 0,789 g/cm^3 a 20 °C

El etanol o alcohol etílico se obtiene en la Argentina a partir de la fermentación alcohólica de la melaza, subproducto resultante de la fabricación del azúcar a partir de la caña de azúcar que se cultiva principalmente en el norte de la República Argentina, donde existen varios ingenios azucareros que producen alcohol. Debido a la demanda como biocombustible se está produciendo adicionalmente etanol a partir del maíz en cantidades que superan a la obtenida a partir de la caña de azúcar.

El uso principal del etanol lo realiza la compañía ATANOR que produce acetaldehído, ácido acético y acetato de etilo.

El etanol es muy utilizado en la industria alimenticia, farmacéutica y de cosméticos (perfumería). En medicina es usado como antiséptico. También se utiliza como solvente de laboratorio e industrial.

A partir del 2010 el etanol es utilizado además como combustible agregándolo a la nafta en un 5 %, para lo cuál deberá ser anhidro.

Esta situación demandará una importante cantidad de etanol adicional a la que se produce actualmente. (Ver Anexo II – Bioetanol).

También el etanol ha comenzado a utilizarse para obtener etileno al eliminarle una molécula de agua:

$$CH_3\text{-}CH_2OH \xrightarrow[360\ °C]{Al_2O_3} CH_2\text{=}CH_2 + H_2O$$

Como derivado petroquímico del etileno el etanol puede obtenerse del mismo por hidratación utilizando el ácido sulfúrico o directamente empleando un catalizador ácido.

La hidratación indirecta con ácido sulfúrico es un proceso que ya no se utiliza industrialmente y se realiza en forma similar a la obtención del alcohol isopropílico a partir del propileno.

Las reacciones que tienen lugar son las siguientes:

$$CH_2\text{=}CH_2 + H_2SO_4 \longrightarrow \underset{\text{Monoetilsulfato}}{SO_3H\text{-}O\text{-}CH_2\text{-}CH_3}$$

$$SO_3H\text{-}O\text{-}CH_2\text{-}CH_3 + H_2O \longrightarrow \underset{\text{(diluido)}}{H_2SO_4} + \underset{\text{etanol}}{CH_3\text{-}CH_2OH}$$

El etanol se separa por destilación y el ácido sulfúrico se recupera por concentración mediante combustión sumergida.

Este proceso que comenzó a utilizarse en 1930 se abandonó cuando en 1947 Shell introduce la hidratación directa con agua en fase gaseosa sobre catalizadores ácidos:

$$CH_2{=}CH_2 + H_2O \longrightarrow CH_3\text{-}CH_2OH$$

Si bien este proceso no tiene los inconvenientes de la utilización del ácido sulfúrico, requiere una gran pureza del etileno y tiene una pequeña conversión por paso, situación que determina que tanto este proceso, como el que utiliza ácido sulfúrico resulten actualmente antieconómicos frente a la obtención del etanol por fermentación de los hidratos de carbono, sobre todo debido a la suba del precio del etileno, empujado por el aumento del precio del petróleo y el gas natural.

1.5.6.- Acetaldehido.

El acetaldehído es un líquido de olor característico que se vaporiza con facilidad. Es soluble en agua y alcohol.

Fórmula: CH_3CHO
P.M: 44,05 g/mol
P.E: 21 °C
P.F: - 123 °C
Densidad: 0,788 g/cm^3 a 16 °C

Se utiliza para la fabricación de ácido acético, butanol, fragancias, sabores, colorantes (anilinas), plásticos, etc.

La sobreexposición puede causar irritación de ojos, nariz y garganta, conjuntivitis, lesiones de ojos y piel, dermatitis y edema pulmonar.

El acetaldehído se puede producir a partir del alcohol etílico ó a partir del etileno.

En la República Argentina sólo se lo obtiene a partir del alcohol etílico, siendo el principal y único productor ATANOR SA que tiene dos plantas, una en Baradero (Pcia. Bs.As.) de 9.000 t/a de capacidad y la otra en Río III (Pcia. de Córdoba) de 4.100 t/a de capacidad, (año 2011).

El acetaldehído es un líquido con punto de ebullición de 21°C, por lo que una vez producido se lo debe almacenar en tanques refrigerados o bajo presión. Se lo suele utilizar en el lugar que se lo produce para obtener sus principales derivados, como es el caso de ATANOR para producir ácido acético.

En otros países donde se lo produce a partir del etileno en mayores volúmenes como en los EEUU, el acetaldehído es transportado a granel por camión o tren.

A partir del alcohol etílico se lo puede obtener por deshidrogenación utilizando catalizadores de cobre a 270 – 300 °C. La reacción es endotérmica y debe suministrarse calor al reactor para mantener la temperatura:

$$CH_3-CH_2OH \xrightarrow{(Cu)} CH_3-CHO + H_2 + 20\ Kcal/mol$$

El hidrógeno que se obtiene en la reacción es muy puro y se puede utilizar para realizar hidrogenaciones, por ejemplo: la obtención de sorbitol a partir de la glucosa.

Este proceso lo utiliza ATANOR en su planta de Baradero.

El otro proceso que obtiene acetaldehído a partir de alcohol etílico es una oxideshidrogenación utilizando catalizadores de plata, según la siguiente reacción:

$$CH_3-CH_2OH + 0{,}5\ O_2\ (aire) \xrightarrow{(Ag)} CH_3-CHO + H_2O - 43\ Kcal/mol$$

En esta reacción el hidrógeno producido se quema con el aire y suministra el calor para mantener la reacción de deshidrogenación que es endotérmica, resultando así un reactor autotérmico. La temperatura durante la reacción es de 450° a 550° C y mantiene encendido el catalizador de plata que toma un color rojizo y que se lo puede observar por una mirrilla del reactor.

Este proceso es el que utiliza ATANOR en su planta de RIO III donde utiliza el acetaldehído para producir ácido acético que lo destina a la producción de ácido monocloroacético, que es uno de los insumos de la síntesis del ácido 2,4 D (herbicida).

En ambos procesos la conversión del alcohol a acetaldehído es del orden del 30-50 % y el efluente que sale del reactor debe ser rápidamente enfriado para evitar descomposiciones del aldehído formado. Luego de este enfriamiento se separan los gases producidos durante la reacción (CO, CO_2, H_2, N_2 y otros), de la mezcla de acetaldehído y de alcohol no reaccionado, por lavado con agua fría en una columna de absorción, de donde sale por el fondo una solución acuosa de acetaldehído y alcohol. De esta solución se separan por destilación el acetaldehído del alcohol no transformado que se recicla al reactor. El reactor es normalmente un recipiente cilíndrico con un lecho fijo en su interior donde se halla depositado el catalizador. (Ver Esquema en la Figura N° 11).

La obtención del acetaldehído a partir del etileno se realiza por el proceso de Wacker-Hoechst que fue desarrollado entre 1957 y 1959, que consiste en una oxidación del etileno que puede representarse sencillamente por la siguiente reacción:

$$CH_2 = CH_2 + 0{,}5\,O_2 \xrightarrow{\text{(cat. Pd – Cu)}} CH_3 - CHO \quad -58\ \text{Kcal/mol}$$

El proceso en realidad es mucho más complejo e involucra varias reacciones donde la presencia del ácido clorhídrico (HCl), introduce serios problemas de corrosión. Se utiliza un catalizador de dos componentes, que consta de $PdCl_2$ y $CuCl_2$ que utilizan el oxígeno como puede observarse en las siguientes reacciones:

– Reacciones del proceso Wacker- Hoechst

$$CH_2 = CH_2 + 2CuCl_2 + H_2O \xrightarrow{PdCl_2} CH_3 - CHO + 2HCl + 2CuCl$$
$$2CuCl + 2HCl + 1/2O_2 \longrightarrow 2CuCl_2 + H_2O$$

El desarrollo de un nuevo proceso mas simple y económico para la obtención del ácido acético que parte del metanol + CO, determinó que el proceso de obtención del acetaldehído a partir del etileno para obtener ácido acético fuera sustituido y quedaran pocas plantas en funcionamiento.

El acetaldehído además de seguir siendo materia prima para producir ácido acético, es utilizado para la producción de anhídrido acético, del crotonaldehído y n-butanol, ácido sórbico, 2-etilhexanol y pentaeritritol.

Obtención del pentaeritritol a partir del acetaldehído y el formaldehido:

$$
3\ HCHO + CH_3CHO \xrightarrow{Ca(OH)_2} HOH_2C-\overset{\displaystyle CH_2OH \atop |}{\underset{\displaystyle | \atop CH_2OH}{C}}-CH_2OH \quad + \quad HCOOH
$$

Pentaeritritol Ácido Fórmico

No se produce en la Argentina. Se importan unas 3400 t/a para la producción de varias resinas sintéticas (alquídicas), explosivos y también plastificantes para PVC.

1.5.7.-Anhidrido acético.

Es un líquido con olor fuerte, soluble en agua y ácido fórmico. La sobreexposición puede causar conjuntivitis, edema de cornea, irritación de nariz, tos, lesiones en la piel, dermatitis y problemas respiratorios.

Fórmula: $(CH_3CO)_2O$
P.M: 70,09 g/mol
P.E: 139 °C
P.F: - 73 °C
Densidad: 1,082 g/cm^3 a 15°C

El anhídrido acético puede ser obtenido por oxidación del acetaldehído o por deshidratación del ácido acético.

En el proceso de oxidación del acetaldehído se utiliza un catalizador de acetato de manganeso mezclado con acetato de cobre:

$$2\,CH_3-CHO + O_2\,(aire) \longrightarrow (CH_3-CO)_2O + H_2O$$

El proceso se realiza en un reactor refrigerado y la alimentación debe estar a 50 / 60 °C, ya que por arriba de 60 °C aumenta la hidrólisis a ácido acético. Se agrega metil o etil acetato como medio de reacción y que forma un azeótropo binario con el agua de P.E. = 70,4 °C, que permite que el agua se elimine a medida que se produce. Se trabaja a unas 60 psi.

En la Argentina lo produce, a partir de la deshidratación del ácido acético, ATANOR S.A. en su planta de Baradero, Pcia. de Bs.As. donde tiene una unidad de 3.000 t/a de capacidad.

$$2\,CH_3-CO.OH \xrightarrow{260°\,C} (CH_3-CO)_2O + H_2O$$

El 50% del anhídrido acético es utilizado por la industria farmacéutica para producir el ácido acetilsalicílico (aspirina) y el resto por diversas industrias químicas, como solvente de grasas, agente deshidratante y para la producción de compuestos acetilados.

1.5.8.- Crotonaldehido, Butiraldehido y n-Butanol.

Crotonaldehido:

Es un líquido inflamable que produce vapores irritantes. El crotonaldehído comercial viene estabilizado con agua (al 93 %)

Fórmula: $CH_3-CH=CH-CHO$

P.M: 70,09 g/mol

P.E: 104 °C

P.F: - 76,5 °C

Densidad: 0,851 g/cm^3 a 20°C

Butiraldehido:

Es un líquido inflamable, soluble en éter, etanol, acetona, tolueno, etc. Es irritante y narcótico.

Fórmula: $CH_3-CH_2-CH_2-CHO$

P.M: 72,11 g/mol
P.E: 74,8 °C
P.F: - 99 °C
Densidad: 0,8016 g/cm³

n – Butanol:

Líquido translúcido que arde con llama luminosa. Los síntomas de sobreexposición son irritación de ojos, nariz y garganta, dolor de cabeza, vértigo, inflamación de córnea e irritación de la piel.

Fórmula: $CH_3 - CH_2 - CH_2 - CH_2OH$
P.M: 74,12 g/mol
P.E: 117 – 118 °C
P.F: - 90 °C
Densidad: 0,8016 g/cm³ a 20°C

Estos productos no se fabrican actualmente en la Argentina, se consumen alrededor de 3200 t/a de crotonaldehído y butiraldehído y 4600 t/a de n-butanol que se importan. Un 70% del n-butanol se lo utiliza para la fabricación de acetato de butilo, maleatos y otros ésteres y un 30% como solvente y en pinturas.

A mediados del siglo pasado se producía en la Argentina n-butanol por fermentación acetobutílica del maíz y de la melaza. Por este procedimiento se obtienen 30 partes de acetona, 60 partes de butanol y 10 partes de etanol, conjuntamente con gran cantidad de CO_2 y H_2. Es una fermentación anaeróbica y se utiliza el *clostridium acetobutylicum*.

Actualmente en otros países se lo obtiene a partir del acetaldehído pasando por varios productos intermedios.

El acetaldehído se hace circular a 20°-25° C con una solución diluida de NaOH por un reactor durante algunas horas. Se produce el acetaldol:

$$2\,CH_3-CHO \longrightarrow CH_3-CHOH-CH_2...CHO \quad \textbf{acetaldol}$$

$$\downarrow -H_2O$$

$$CH_3-CH=CH-CHO \quad \textbf{crotonaldehído}$$

$$\downarrow +H_2$$

$$CH_3-CH_2-CH_2-CHO \quad \textbf{butiraldehído}$$

$$\downarrow +H_2$$

$$CH_3-CH_2-CH_2-CH_2OH \quad \textbf{n-butanol}$$

Por deshidratación del acetaldol se obtiene el crotonaldehído. Por hidrogenación primero se obtiene el butiraldehído y luego el n-butanol.

La deshidratación del acetaldol a crotonaldehído se realiza en presencia de un poco de ácido acético. El agua se elimina por destilación a 90° - 110° C. El crotonaldehído se separa y puede utilizarse para la síntesis de otros productos como por ejemplo el ácido sórbico o por hidrogenación a 170° C en presencia de Cu-Cr como catalizador, obtener el n-butiraldehído que es utilizado para obtener el 2-etilhexanol o por hidrogenación, el n-butanol.

Actualmente el n-butanol se lo obtiene partiendo del propileno por oxosíntesis:

$$CH_3-CH=CH_2 + CO + H_2 \longrightarrow CH_3-CH_2-CH_2-CHO$$

$$\downarrow +H_2$$

$$CH_3-CH_2-CH_2-CH_2OH \quad \textbf{n-butanol}$$

(Ver también 2.7.8 Oxoalcoholes)

Obtención del Ácido Sórbico a partir del Crotonaldehído

$CH_3-CH=CH-CHO+CH_2=C=O \rightarrow$

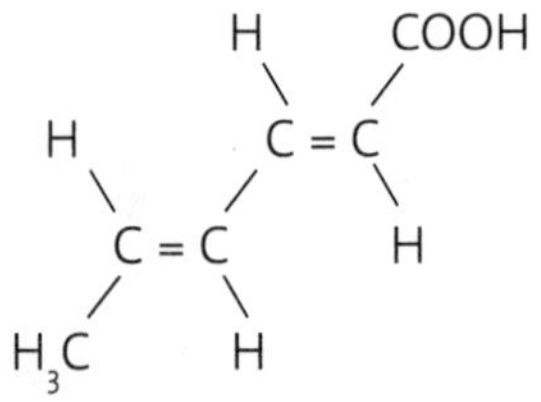

crotonaldehído | cetena | Ácido trans-trans 2,4, hexadioico

El ácido sórbico es un sólido cristalino. La sal de potasio se utiliza como conservante en la Industria Alimenticia. No se produce en la República Argentina.

1.5.9.- Acido Acético.

El ácido acético es un líquido, de olor picante muy soluble en agua y alcohol. En contacto con la piel ó los ojos produce irritaciones severas. Su ingestión es corrosiva para las mucosas, causa diarreas y puede llegar a producir la muerte. El ácido puro exento de agua se llama "glacial" porque a temperaturas entre 10° y 15 °C cristaliza en forma de agujas laminares e incoloras parecidas al hielo. Convenientemente diluido con agua se lo utiliza para preparar el vinagre blanco con 6 – 8 % de ácido.

Fórmula: $CH_3-CO{:}OH$
PM: 60,05 g/mol
P.E: 118 °C
P.F: 16,7° C
Densidad: 1,049 gr/cm^3 a 20°C

Internacionalmente el principal uso del ácido acético es la producción de acetato de vinilo (50%), le siguen la producción de acetato de celulosa (25%), la de ésteres de etilo, butilo y otros (15%) y como solvente en la producción de ácido tereftálico y otros (10%).

Existen tres procesos para la obtención del ácido acético:

- *Por fermentación del alcohol etílico.*
- *Por oxidación del acetaldehído.*
- *A partir del metanol por reacción con el CO.*

Los dos primeros se utilizan en la Argentina, el primero para la fabricación de vinagre y el segundo por oxidación del acetaldehído obtenido del alcohol que es utilizado en la Argentina por la empresa ATANOR SA. Por razones de mercado y economía de escala aún no se utiliza el método a partir de metanol y monóxido de carbono en la República Argentina.

ATANOR tiene dos plantas ubicadas una en Río Tercero (Córdoba) de 4800 t/a y la otra en Baradero (Buenos Aires) de 10.800 t/a. Ambas utilizan acetaldehído obtenido "in situ" a partir del alcohol etílico. Su producción está destinada en su mayor parte en Río Tercero a la producción de ácido monocloroacético para la obtención del herbicida 2,4,D (ácido 2,4, diclorofenoxiacético) y en Baradero para la producción de acetato de etilo, con una planta de 26.400 t/a y para la producción de anhídrido acético. El acetato de etilo se destina a la fabricación de tintas, pinturas y solventes o "thinners".

La producción argentina de ácido acético en el año 2010 fué de 13.823 t/a y no alcanza a cubrir la demanda del mercado interno que para ese año alcanzó las 34.000 t/a, importándose la diferencia.

El mercado local de ácido acético tiene la siguiente estructura (año 2010):

Industria química	31 %
Industria textil	24 %
Ind. Alimenticia	21 %
Ind. Farmacéutica	15 %
Cueros	6 %
Colorantes	3 %

El proceso a partir del acetaldehído se realiza por oxidación del mismo con aire ú oxígeno, utilizando como medio ácido acético y como catalizador acetato de cobalto y manganeso. El acetaldehído burbujea junto con el aire en torres de acero inoxidable rellenas con ácido acético y donde también se introduce el catalizador. La reacción es exotérmica como toda oxidación y se enfría mediante tubos inmersos en el líquido por donde circula agua de enfriamiento para mantener una temperatura de unos 50 °C. (Ver Figura N° 12).

La reacción de oxidación del acetaldehído pasa por un producto intermedio, el ácido peracético que luego reacciona con el acetaldehído para dar el ácido acético:

$$CH_3-CHO + O_2 \rightarrow CH_3-\underset{\displaystyle \overset{\|}{O}}{C}-O-OH \quad \textbf{ácido peracético}$$

$$+$$

$$CH_3-CHO$$

$$\downarrow$$

$$2\ CH_3-CO.OH \quad \textbf{ácido acético}$$

El ácido acético obtenido tiene una concentración del 92 %, con una selectividad sobre el acetaldehído del 95 al 97 %. Los productos secundarios que se forman son acetato de metilo, ácido fórmico, CO y CO_2, todos ellos más volátiles que se separan por destilación cuando se quiere obtener ácido mas concentrado ó al 100 % (glacial).

En condiciones moderadas, a temperaturas inferiores a 40 °C, sin catalizador y utilizando como solvente el acetato de etilo en vez del ácido acético, se puede obtener también sólo el ácido peracético como producto final.

REFERENCIAS DE LA FIGURA N° 12

(1) Enfriamiento rápido con agua.
(2) Reactor con malla de plata.
(3) Torre de absorción con agua refrigerada.
(4) Tanque de solución ternaria agua – alcohol – aldehído.
(5) Columna de destilación de aldehído puro (a presión de 7 bars).
(6) Columna de recuperación del alcohol no transformado.
(7) Columnas de oxidación del aldehído a ácido acético.
(8) Bomba dosificadora de alimentación del aldehído.
(9) Torre de lavado de gases residuales (con agua).
(10) Ciclón separador de líquido ácido.

FIGURA N° 12: Producción de Acetaldehído y Ácido Acético

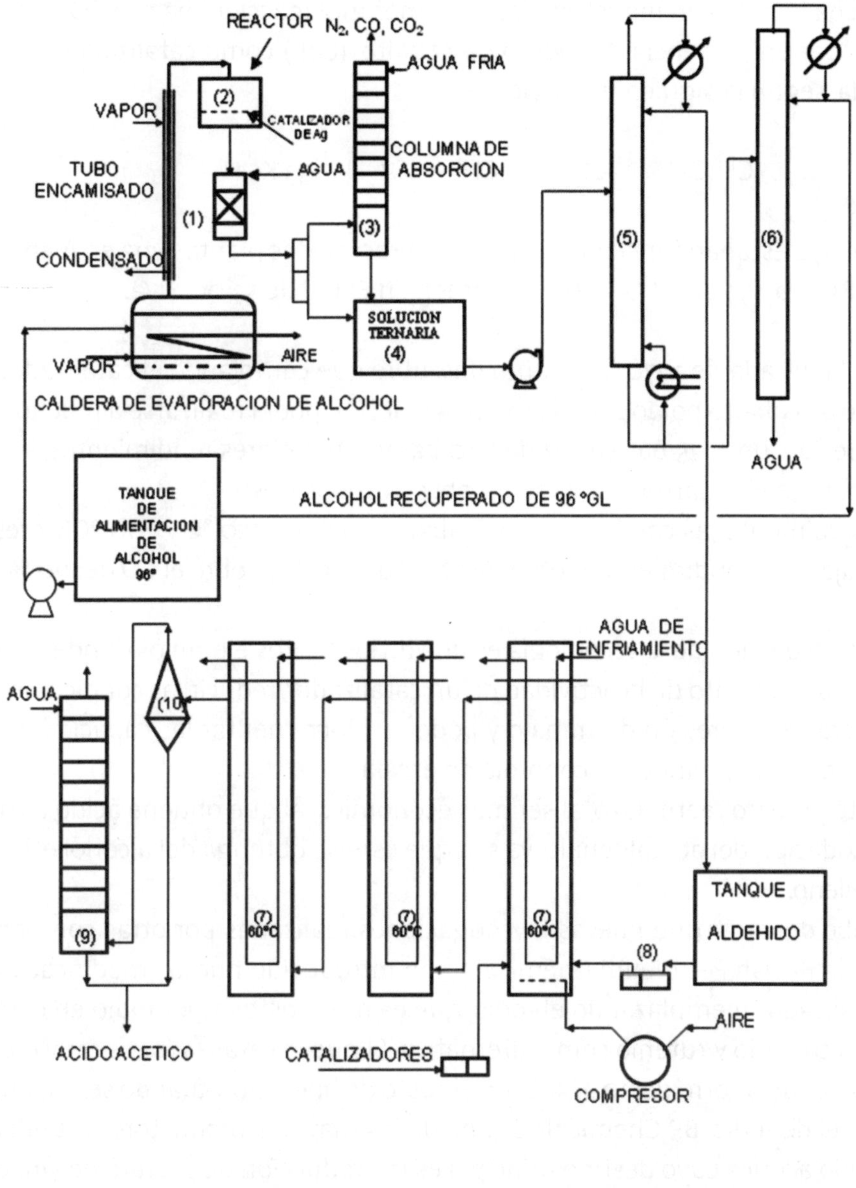

El método por carbonilación del metanol con CO es el preferido actualmente para la obtención de ácido acético en plantas de gran capacidad, 150.000 t/a a 200.000 t/a. Este proceso era conocido en Alemania desde 1913, pero fue recién después que se dispuso de aleaciones resistentes a la corrosión como el Hastelloy de molibdeno-níquel, que la BASF (en 1960) pusiera en marcha una pequeña instalación industrial donde el metanol reaccionaba con CO a 250 °C y 680 bar en presencia de ioduro de cobalto, (CoI_2) como catalizador en fase líquida, según la siguiente reacción:

$$CH_3OH + CO \rightarrow CH_3 - CO.OH \quad - 33 \text{ Kcal.}$$

En 1976 estaban funcionando por este proceso dos plantas una en Alemania de la BASF de 35.000 t/a y otra de Borden en EEUU de 52.000 t/a.

En la década de 1970 Monsanto descubre que cambiando el catalizador de ioduro de cobalto por ioduro de rodio, la reacción podía realizarse a mucho menor presión, unas 35 bar en vez de 680 bar y con mejores rendimientos, lo que hizo posible el desarrollo en gran escala de este proceso.

Actualmente las condiciones de trabajo son entre 150 °C y 200 °C y presiones bajas con rendimientos sobre metanol del 99 % y sobre el CO del 90 %.

Esta evolución de la tecnología es una de los tantos ejemplos donde se consigue por aumento de la actividad de un catalizador, reducir las condiciones de temperatura y presión de trabajo y poder así incrementar las capacidades de producción, mejorando la economía de escala.

Este proceso reemplazó, al ser más económico, al que obtiene ácido acético por oxidación del acetaldehído, ya sea que este se obtenga del alcohol etílico ó del etileno.

Cabe destacar que nuevas investigaciones realizadas por otras compañías como la British Petroleum Chemicals, han introducido nuevas modificaciones al catalizador reemplazando el rodio, que es muy costoso, por iridio en combinación con litio y rutenio como alternativa. El nuevo catalizador es muy efectivo, realiza un ahorro del 10 al 30% en el costo de operación cuando se lo compara con el de rodio. BP Chemicals es uno de los mayores productores mundiales de ácido acético cuyo destino principal es la producción de acetato de vinilo

1.5.10.-Acetato de Vinilo.

El acetato de vinilo es un líquido incoloro, muy poco soluble en agua, soluble en alcohol y éter. Ligeramente tóxico, dependiendo del tiempo de exposición, puede ocasionar irritación en los ojos y mucosas. Olor dulce frutado. La luz y el calor pueden iniciar su polimerización por lo que debe ser transportado y almacenado con inhibidores de la polimerización.

Fórmula: $CH3 - CO.OCH = CH_2$
PM: 86,09 g/mol
P.E: 73 °C
P.F: – 100 a – 93 °C
Densidad = 0,932 g/cm^3 a 20/4 °C

Se lo utiliza principalmente para la obtención de emulsiones de poliacetato de vinilo (PVA) y copolímeros. Se lo polimeriza en suspensión acuosa para obtener adhesivos y en la preparación de pinturas. También se lo copolimeriza con cloruro de vinilo para mejorar la resistencia al impacto del PVC.

El acetato de vinilo ó VAM (vinyl acetate monomer) no se produce en la República Argentina. Se lo importa para producir emulsiones para la fabricación de pinturas al agua (45 %) y adhesivos líquidos (55 %). En el año 2010 el consumo alcanzó 10.275 toneladas

La producción de acetato de vinilo se realiza a partir del etileno y el ácido acético, en fase líquida o gaseosa. Actualmente se utiliza solamente el proceso en fase gas, con catalizadores a base de $CuCl_2$ y $PdCl_2$, en presencia de oxígeno, según la siguiente reacción:

$$CH_2 = CH_2 + CH_3 - CO.OH + 1/2\ O_2 \rightarrow CH_3 - CO.OCH = CH_2 + H_2O$$

El rendimiento es del 95 %. Los productos de la reacción condensados se destilan para separar el agua y acetaldehído formado que se recicla a la planta de ácido acético.

A partir del acetato de vinilo se obtiene también el alcohol polivinílico.

CAPÍTULO 2 **PROPILENO**

2.1.-Principales propiedades

El propileno es un gas inflamable, de olor ligeramente dulce e incoloro. Es el segundo hidrocarburo de la serie de los alquenos y como tal presenta una doble ligadura.

Al igual que el etileno es muy poco soluble en agua y soluble en hidrocarburos y solventes orgánicos.

Fórmula: CH_3-$CH=CH_2$
P.M: 42,1 g/mol
P.E: - 47 °C
P.F: - 185,3 °C
Densidad líquido 0,6095 g/cm^3 a - 47 °C.

El propileno constituye, después del etileno, la olefina más importante como materia prima petroquímica.

La fuente de provisión de esta materia prima fue inicialmente el gas de refinería proveniente de las operaciones de cracking, especialmente el cracking catalítico.

Actualmente la fuente más importante es el cracking al vapor para producir etileno, que cuando utiliza otros hidrocarburos diferentes del etano produce conjuntamente con el etileno, cantidades importantes de propileno.

Sin embargo, los requerimientos crecientes de propileno y el cambio de materia prima del cracking al vapor que tiende a utilizar cargas más livianas para su operación, han motivado la búsqueda de otras tecnologías para la obtención del propileno. La más reciente de estas tecnologías para la obtención del propileno, tratando de independizarlo del etileno, es la deshidrogenación del propano y la transformación del etileno en propileno, conocido éste último como "*metathesis*" o *proceso de las tres olefinas*.

También recientemente se ha desarrollado un proceso que parte del metanol obtenido del gas natural, llamado "Methanol to Propylene" (MTP) que lo comercializa la firma LURGI Oil Gas Chimie GmbH, de Alemania.

2.2.-Producción, consumo y materias primas del propileno.

El mercado mundial del propileno es muy importante, el suministro y la demanda para el año 2010 fué de 92,2 millones de toneladas. El crecimiento desde el año 1990 (30 millones de toneladas) hasta el año 2010 (92,2 millones de toneladas) fue en 20 años del 307 %, con una tasa promedio anual del 5,8 %.

En el siguiente gráfico se muestra la demanda y producción de propileno a nivel mundial desde el año 2003 y su proyección hasta el año 2013. (Fuente CMAI, CHEMICAL Market Associates Inc.)

En la Argentina considerando las dos fuentes de suministro que son las refinerías con cracking catalítico y las plantas petroquímicas con cracking al vapor, la producción alcanza a 300.400 toneladas, con una fuerte participación del origen de refinerías del 88 % para el año 2010. Esta elevada participación de las refinerías como fuente de suministro de propileno está muy alejada del promedio mundial donde participan fuertemente el craqueo al vapor de las plantas petroquímicas proveedoras de etileno que obtienen el propileno como subproducto.

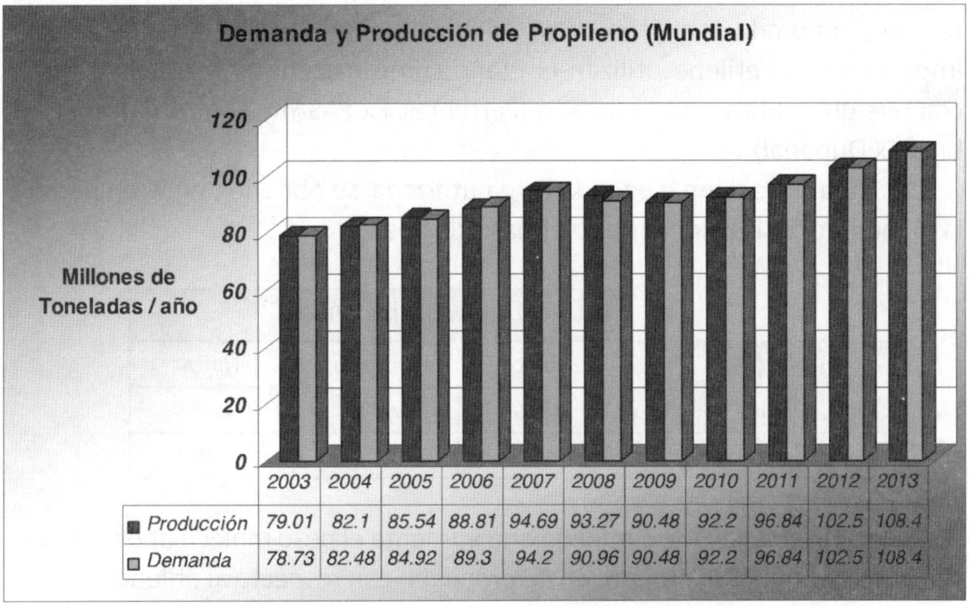

FUENTES PRINCIPALES DE OBTENCIÓN DE PROPILENO A NIVEL MUNDIAL

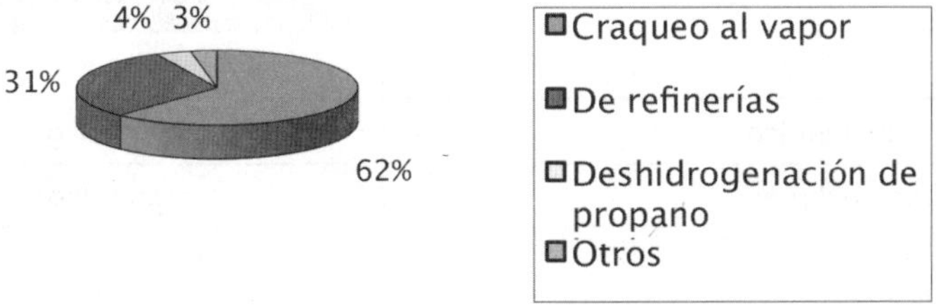

Fuentes principales del suministro del Propileno en USA y en Argentina:

	USA	ARGENTINA
Refinerías	37 %	88 %
Steam cracking	63 %	12 %

La gran diferencia entre USA y Argentina sobre el suministro de materias primas para producir el propileno se debe a que en nuestro país, los crackers importantes de etileno utilizan el etano como materia prima. Sólo hay dos crackers que utilizan uno propano (Petrobras, Ex PASA) y el otro nafta (Petrobras, Ex Duperial)

Del "steam cracking" según la carga utilizada, se obtienen en % en peso de la alimentación, las siguientes olefinas principales.

	MATERIAS PRIMAS		
PRODUCTOS	Etano	Propano	Nafta
Etileno	80 %	44 %	32 %
Propileno	2 %	17 %	14 – 16 %

Puede observarse que a medida que aumenta el peso molecular de la materia prima, aumenta la proporción de propileno con respecto al etileno.

Con relación al contenido de propileno, existen tres grados de propileno de acuerdo con su origen y aplicación:

	CONTENIDO DE C_3=
Propileno grado refinería (Corte C_3)	60 al 70 %
Propileno grado químico	90 al 95 %
Propileno grado polímero	99,5 al 99,7 %

- Purificación del propileno grado refinería.

Del propileno grado refinería se obtiene el propileno grado químico o grado polímero, mediante una purificación y destilación, para eliminar compuestos sulfurados e hidrocarburos que no sean el propileno (C_1, C_2, C_2=, C_3, y $C_{4's}$) y otros componentes del corte C_3.

La eliminación de los productos sulfurados se realiza primero en una columna mediante un lavado con solución de NaOH, que remueve el H_2S y mercaptanos (R-SH).

El sulfuro de carbonilo se retiene en una segunda columna con lechos de KOH sólido embebido en metanol.

La corriente C_3 purificada de azufre, se destila en una columna para eliminar el etano, que se envía al pool de gas combustible. La separación del propileno grado polímero se realiza en una columna de unos 200 platos, que por su altura según el tipo de platos se suele dividir en dos columnas mas chicas, ya que una sola resultaría demasiado alta y tendría problemas de estabilidad. En la primer columna, que corresponde a la del fondo, se retiran además del propano, los butanos y más pesados. La operación de destilación se completa en la segunda columna donde se obtiene por el tope el propileno grado polímero.

Un esquema que ilustra sobre el tipo de instalaciones utilizadas para este propósito se muestra en la Figura N° 13.

Una instalación similar se emplea para obtener los grados químicos o polímero cuando el corte C_3 proviene de la deshidrogenación del propano.

En el proceso descripto en la Figura N°13 puede observarse que se utiliza una bomba de calor para realizar la destilación cuya finalidad es reducir la presión en las columnas de destilación, no utilizar condensadores enfriados con agua y evitar el uso de vapor de agua en los hervidores, todo lo cuál reduce el consumo de energía. El principio de funcionamiento de la bomba de calor se describe a continuación.

En la Figura N° 14 puede observarse que los vapores de propileno puro que salen del tope de la columna son comprimidos por el turbo compresor C_1, incrementando su temperatura y, por supuesto, su entalpía, de acuerdo con la energía mecánica recibida.

Los vapores con la nueva temperatura T_2 están en condiciones ahora de transmitir su contenido calórico al fondo de la columna a través del reboiler W_1, toda vez que su temperatura es superior al punto de ebullición de la mezcla en ese punto T_3.

Como consecuencia, los vapores de propileno se condensan en el reboiler y son enviados como propileno líquido al recipiente TK_2. De este tanque se envía una parte como reflujo y la otra como producto terminado. El balance entre el calor generado por el compresor C_1 y los requerimientos del reboiler W_1 es controlado, derivando una parte de los vapores comprimidos a través del condensador W_2 al tanque TK_2.

Como puede observarse, no se requiere ni agua de enfriamiento para condensar los vapores de propileno, ni vapor para el reboiler. Sólo el aporte de energía E a través del turbo compresor es el requerimiento del sistema.

El uso de la bomba de calor permite reducir la presión interna de trabajo de la columna, ya que no se usarán condensadores con agua de enfriamiento para la condensación de propileno y obtención del reflujo. Sólo se requiere agua en el W_2 para balancear el calor de compresión. Al bajar la presión aumenta la volatilidad relativa del propileno con relación al propano, disminuyendo el número de platos.

Se ha encontrado que la presión óptima de trabajo de la columna es del orden de los 125 psia.

NOTA: Cuando el corte C_3 proviene de un steam cracking y se busca obtener propileno grado polímero es necesario eliminar las triples ligaduras (acetilénicas), metil-acetileno y también el propadieno por hidrogenación catalítica de la alimentación.

FIGURA Nº 13. OBTENCIÓN DEL PROPILENO GRADO POLÍMERO

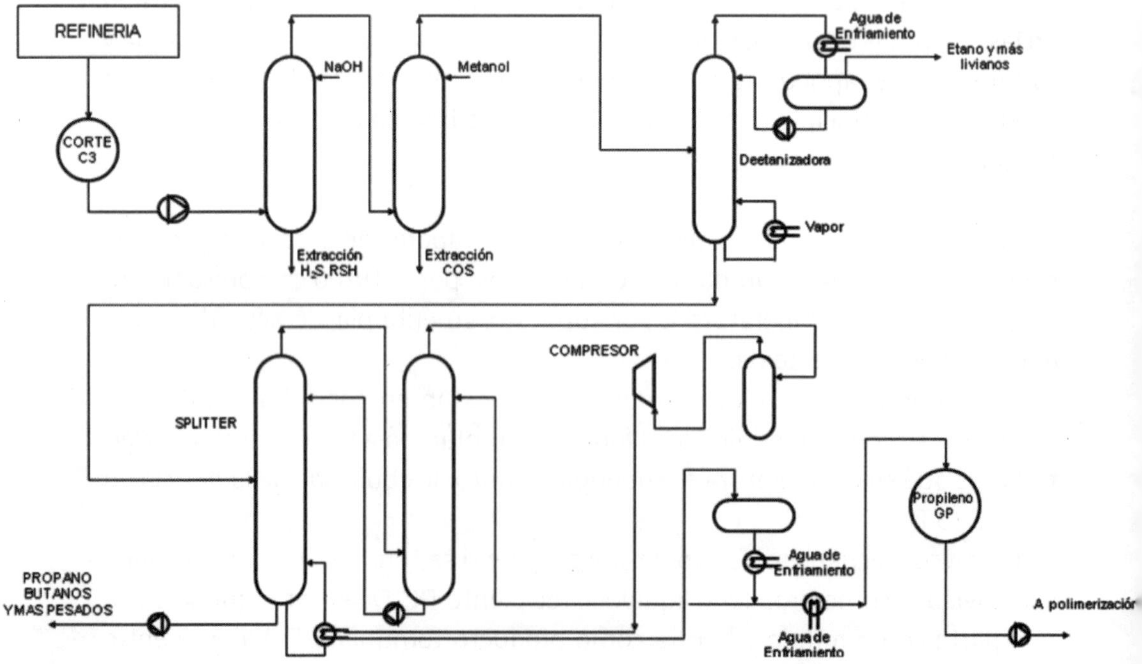

FIGURA Nº 14. ESQUEMA DE FUNCIONAMIENTO DE LA BOMBA DE CALOR

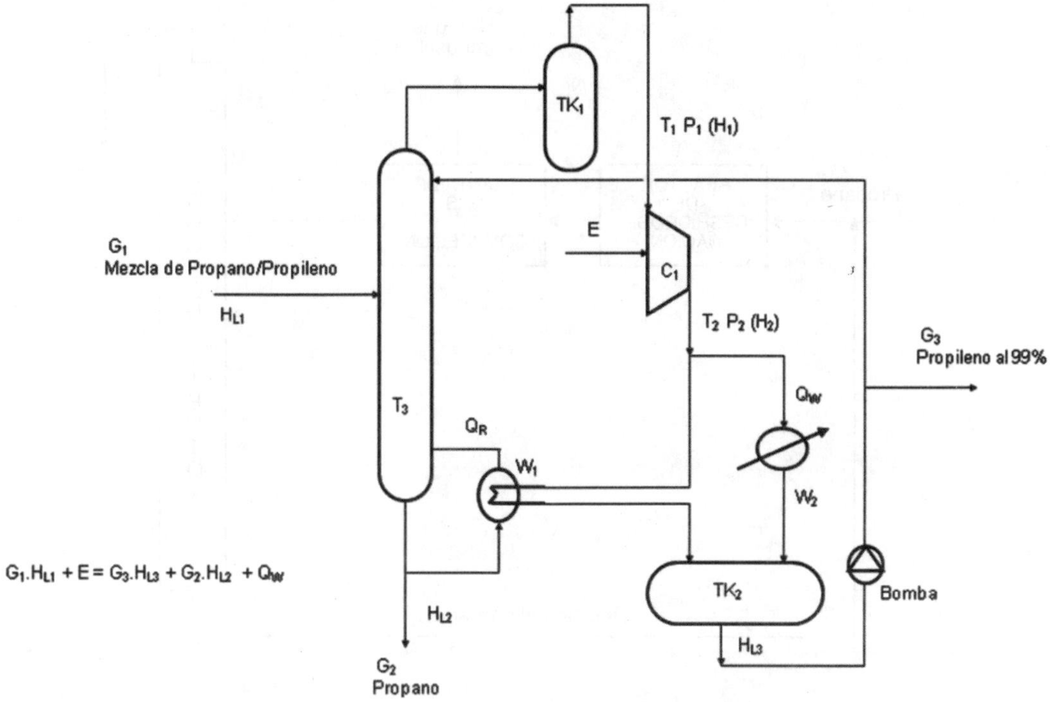

2.3.- Obtención del propileno por deshidrogenación del propano.

Se han desarrollado varias tecnologías para la obtención del propileno por deshidrogenación del propano. Los fundamentos cinéticos y termodinámicos se ilustran más adelante.

El proceso de deshidrogenación del propano al igual que el de otras parafinas, puede dividirse en tres partes fundamentales: Deshidrogenación, Tratamiento de gases y Compresión, y por último el Fraccionamiento y Purificación.

FIGURA Nº 15: ESQUEMA DE OBTENCIÓN DEL PROPILENO POR DESHIDROGENACION DEL PROPANO

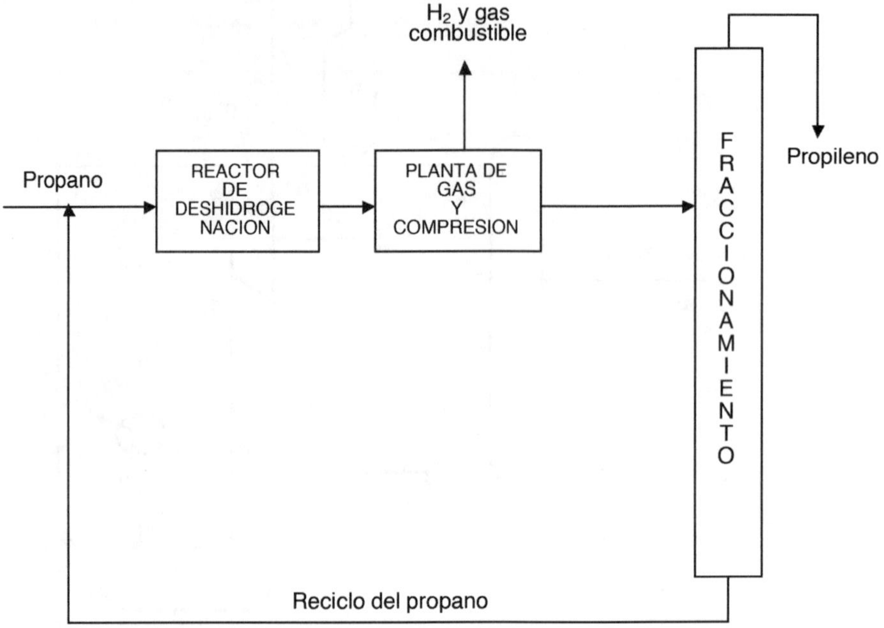

Condiciones de equilibrio

$$C3H_8 \rightarrow C_3H_6 + H_2 + \Delta Q$$
$$(1-x) \quad x \quad x \qquad \Delta Q = 722 \text{ Kcal}$$

Reacción fuertemente endotérmica con aumento de volumen.

Si P es la Presión total se determina que la constante de equilibrio en función de las presiones parciales resulta:

$$Kp = \frac{x^2}{1-x^2} P$$

Un aumento de la Presión P produce la disminución de x al desplazarse el equilibrio hacia la izquierda (Ley de Le Chatelier), y un aumento de la temperatura siendo la reacción endotérmica aumenta el % de deshidrogenación. El aumento de la temperatura está limitado ya que por encima de 650 °C comienzan a craquearse los productos y se degradan las olefinas con la aparición de triples ligaduras, polímeros y coque.

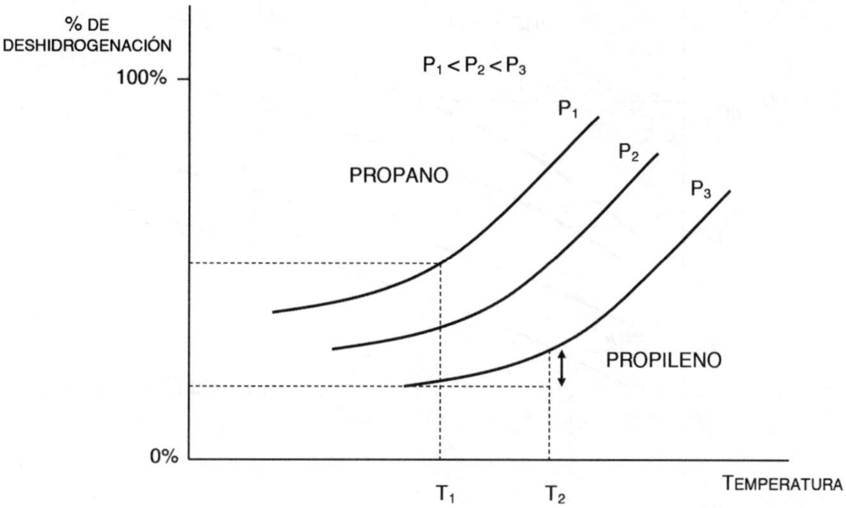

Cuando se deshidrogenan otros hidrocarburos, a medida que disminuye el peso molecular del hidrocarburo se requiere mayor temperatura para una misma conversión razón por la cual no se realiza la deshidrogenación del etano para obtener etileno. Un aumento elevado de la temperatura convierte el proceso de deshidrogenación en uno de cracking térmico.

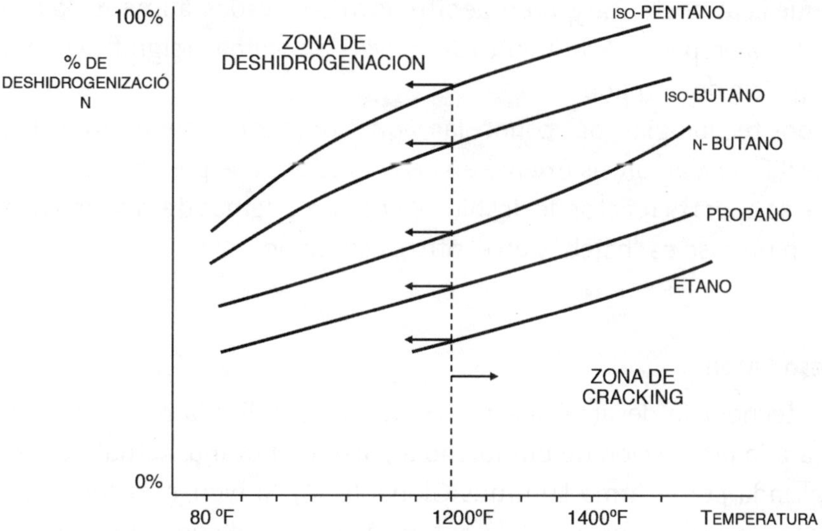

Comparación de las curvas de equilibrio que se aplican en diferentes procesos.

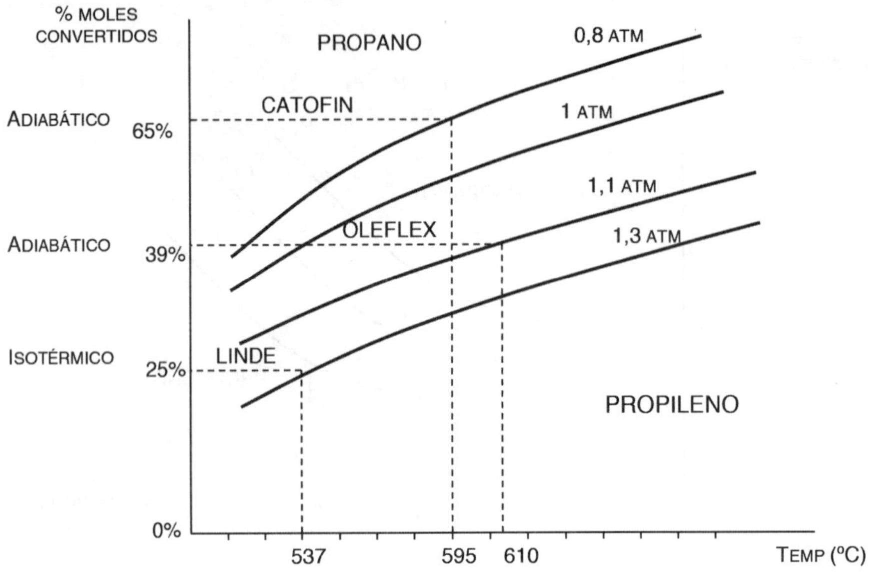

La diferencia que existe entre las distintas tecnologías está en la forma en que se realiza la deshidrogenación.

Si observamos la variación de la cantidad de propano deshidrogenado en el equilibrio, a distintas presiones y temperaturas, vemos que a presiones menores que la atmosférica, y a temperaturas más elevadas, aumenta la cantidad convertida a propileno. El aumento de conversión por paso significa además un menor reciclo de propano.

Las dos tecnologías más conocidas y que compiten entre sí CATOFIN y OLEFLEX, se diferencian precisamente en las condiciones de presión y temperatura con que se opera el reactor de deshidrogenación, además de la forma de trabajo que en un caso es "batch" y en el otro es continuo.

- Proceso Catofin.

Esta tecnología desarrollada por Houchy fue utilizada por primera vez en 1944 para la producción de butadieno a partir de butano. Actualmente es comercializada por la firma Lummus Global (USA). Si bien, esta tecnología fue orientada desde un principio a la obtención de butadieno para la producción de caucho sintético, actualmente está siendo aplicada para la producción de monoolefinas: isobutileno y propileno, el primero por la alta demanda de MTBE y el segundo impulsado por el crecimiento que ha tenido el polipropileno.

Un esquema general del proceso se muestra en la Figura N° 16.

FIGURA N° 16: PROCESO CATOFIN DE AIR PRODUCTS

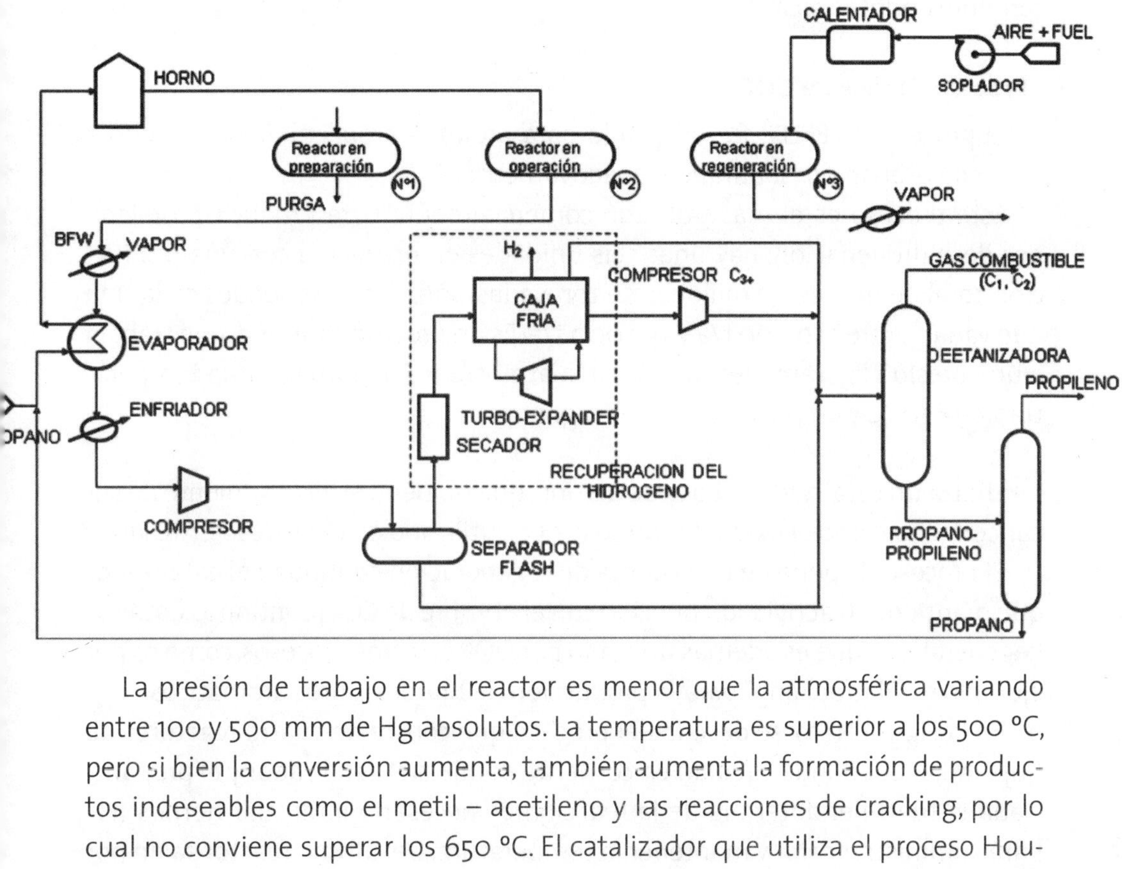

La presión de trabajo en el reactor es menor que la atmosférica variando entre 100 y 500 mm de Hg absolutos. La temperatura es superior a los 500 °C, pero si bien la conversión aumenta, también aumenta la formación de productos indeseables como el metil – acetileno y las reacciones de cracking, por lo cual no conviene superar los 650 °C. El catalizador que utiliza el proceso Houdry es a base de Cr_2O_3-Al_2O_3 y la forma de operación del reactor es discontinua. Se utilizan generalmente tres reactores, uno en operación y los otros dos, uno en regeneración del catalizador y el otro en preparación.

La reacción:

$$C_3H_8 \rightarrow C_3H_6 + H_2 + 722 \text{Cal / kg propileno}$$

es fuertemente endotérmica y el calor necesario es suministrado por el catalizador que fue previamente calentado durante el proceso de regeneración al quemarse el coque depositado en su superficie.

En el esquema del proceso (Ver Figura N° 16) la regeneración se está realizando en el reactor N° 3 y el N° 2 está en operación. El ciclo de utilización es de 10 a 15 minutos debido a que el enfriamiento del lecho de catalizador que suministra el calor para la reacción es muy rápido por la reacción que es fuertemente endotérmica

- Proceso Oleflex de UOP.

El proceso OLEFLEX fue diseñado para producir propileno o isobutileno a partir de propano o isobutano respectivamente.

Este proceso es el más utilizado comercialmente para producir propileno por deshidrogenación; hay unas seis unidades en operación con una producción total de mas de 1,3 millones de toneladas/año, con capacidades cada una que varían entre 250.000 t/a y 350.000 t/a. Es un proceso continuo que trabaja a una presión ligeramente superior a la atmosférica de 1,2 bar, a una temperatura de 620 °C y en presencia de hidrógeno.

Utiliza un catalizador a base de platino, que no tiene el inconveniente de ser cancerígeno como el óxido de cromo (Cr_2O_3), utilizado en el proceso CATOFIN.

El proceso dispone de un sistema de regeneración continua del catalizador que mantiene su actividad, conocido con el nombre de CCR (Continuos Catalyst Regeneration), que es además utilizado por UOP en otros procesos, como es por ejemplo el "Platforming" para la producción de hidrocarburos aromáticos.

En la Figura N° 17, se describe el proceso que consta de cuatro reactores de flujo radial por donde circulan en corriente paralela el catalizador y el propano. Dada la fuerte endotermia de la reacción es necesario intercalar hornos (H), para suministrar calor y mantener la temperatura. Del último reactor salen por un lado el catalizador agotado que pasa para su regeneración a la columna CCR y por el otro el propano no deshidrogenado, el propileno, el hidrogeno e hidrocarburos como el etano.

Durante el proceso de regeneración del catalizador se producen las siguientes acciones:

Se quema el coque formado durante la reacción.
Redistribución del platino.
Se elimina el exceso de humedad.
Reducción del catalizador antes de retornar al primer reactor.

FIGURA Nº 17: PROCESO OLEFLEX

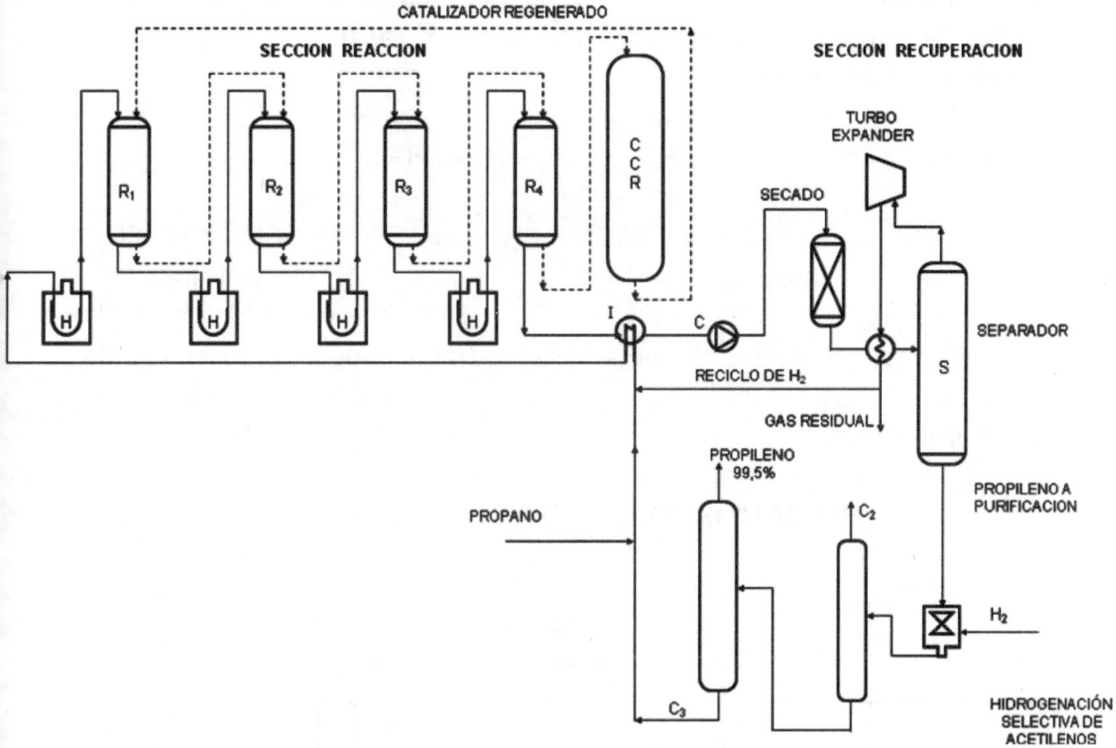

Los productos de la reacción de deshidrogenación a la salida del cuarto reactor se enfrían en el intercambiador (I), precalentando la alimentación, luego son comprimidos en (C), se secan y se condensan por intercambio con la corriente muy fría que sale del turbo expander. Los condensados son separados en una columna de los gases no condensables y enviados al sistema de purificación donde primero se eliminan las triples ligaduras por hidrogenación selectiva, luego se elimina el etano en una deetanizadora y finalmente se separa el propileno 99,5 % del propano no deshidrogenado que se recicla igual que parte del hidrógeno obtenido durante la deshidrogenación. Para obtener 1 tonelada de propileno se requieren 1,2448 toneladas de propano al 95%

- Proceso por conversión de olefinas, "Metathesis".

Este proceso utiliza etileno como materia prima, una parte del mismo se dimeriza a buteno-1 y buteno-2, los cuales reaccionan con otra parte de etileno en un reactor de lecho fijo donde el catalizador produce la reacción de "metathesis" de formación del propileno. (Ver Fig. N° 18) Las reacciones que tienen lugar son las siguientes:

Dimerización $$2\ CH_2 = CH_2 \rightarrow CH_3 - CH = CH - CH_3$$

$$\underset{\text{Etileno}}{CH_2 = CH_2} + \underset{\text{buteno-2}}{CH_3 - CH = CH - CH_3} \rightarrow \underset{\text{propileno}}{2\ CH_2 = CH - CH_3}$$

El efluente del reactor de "metathesis" es fraccionado en propileno grado polímero, etileno y butenos que no reaccionaron y son reciclados como se indica en el esquema:

FIGURA N° 18: "METATHESIS" O PROCESO DE LAS 3 OLEFINAS

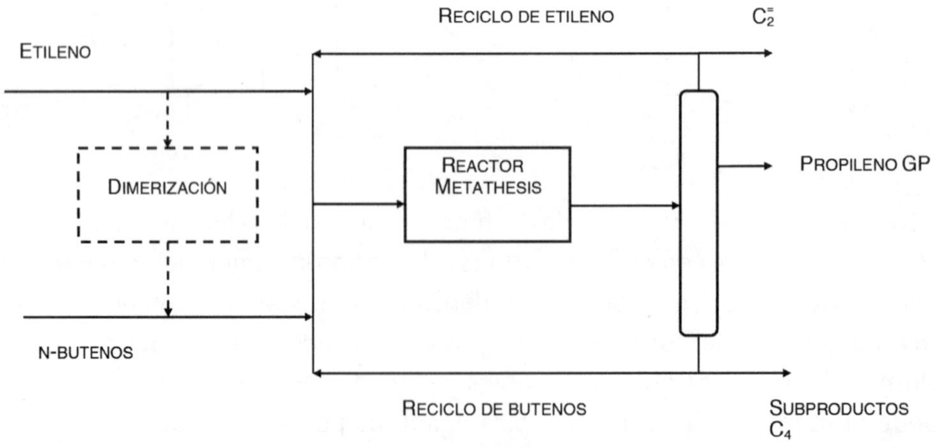

Phillips Petroleum desarrolló este proceso en la década del '60, y se lo conoce también como "triolefin process" por el hecho de que están involucradas tres olefinas y que la reacción también se puede conducir transformando dos moléculas de propileno en una de etileno y otra de buteno-2. Esta posibilidad se aplica cambiando el sentido de la reacción, de manera de producir o bien etileno + buteno-2 o bien propileno según convenga de acuerdo con la situación del mercado.

Este proceso se instala junto a un cracking al vapor para incrementar la cantidad de propileno y también cerca de refinerías donde se utilizan las corrientes ricas en etileno y en butenos, en cuyo caso se puede evitar la dimerización. La selectividad del proceso OCT (Olefin Conversion Technology) para el propileno es mayor del 98 %.

Hay plantas de este tipo en USA en Lyondell Petrochemical Co, Channelview, Texas y también en Port Arthur, Texas, de 350.000 t/a en la empresa BASF-Fina Petrochemicals y más recientemente en China y Japón.

2.4.-Obtención de propileno a partir de metanol.

Este proceso fue desarrollado por LURGI Oil Gas Chemie GmbH de Alemania para obtener propileno a partir del gas natural vía metanol. Fue concebido para grandes producciones, unas 500.000 t/a de propileno, para lo cuál utiliza Mega plantas de metanol de 5000 t/d. El metanol se obtiene a partir del gas natural a través de la producción del gas de síntesis, luego mediante un catalizador el metanol se transforma en dimetiléter y éste en propileno más agua. El proceso coproduce 143.000 t/a de gasolina de alto octanaje y agua.

Las reacciones son las siguientes:

$$2\,CH_3OH + \text{catalizador} \rightarrow CH_3-O-CH_3 + H_2O$$

$$3\,CH_3-O-CH_3 \rightarrow 2\,CH_2=CH-CH_3 + 3\,H_2O$$

Este proceso resulta atractivo para precios del gas natural inferiores a 2 U$S por MM de BTU. Existe una planta de demostración en Noruega operada por Statoil y hay proyectos en construcción en Irán de 100.000 t/a de propileno.

2.5.- Perfil del mercado de propileno en la República Argentina.

La producción de propileno y sus destinos en la Republica Argentina alcanzaron los siguientes valores en el año 2010:

Producción en refinerías	264.554 t/a	88, %
Producción en cracking al vapor	35.836 t/a	12 %
Total producción local	***300.390 t/a***	***100 %***
Importación	3.394 t/a	
Total	***303.784 t/a***	
Consumo petroquímico	290.133 t/a	
Como combustible y otros	13.651 t/a	

La mayor producción de propileno en el país se originó en las operaciones de cracking catalítico de las refinerías, con una proporción del orden del 88 %. Esto se debe fundamentalmente a la falta en la República Argentina de instalaciones petroquímicas que realicen craqueo al vapor de nafta, que es donde se origina gran cantidad de propileno, equivalente en términos generales a un 50% del etileno producido en dichos craquers.

El perfil del consumo en la Argentina está referido solamente a tres productos y se estimo el siguiente para el año 2010:

Polipropileno	90 % (PETROKEN y PETROQUIMICA CUYO)
Alcohol isopropílico	8 % (CARBOCLOR)
Oxoalcoholes	2 % (YPF - ENSENADA)

2.6.-El propileno y sus principales derivados

Uno de los derivados del propileno, el alcohol isopropílico, es considerado como el primer producto petroquímico. Se lo obtuvo en los Estados Unidos a partir de los gases de de refinería a fines de la Primer Guerra Mundial.

También en la Argentina en 1944 la empresa YPF puso en marcha, con un desarrollo propio de la tecnología, una planta de 1200 t de isopropanol a partir del propileno contenido en los gases de la Refinería de San Lorenzo, Esta operción se considera el inicio de la industria petroquímica en la argentina

El propileno se diferencia del etileno por tener la alternativa de su utilización en las refinerías para la obtención de combustibles de alto valor octánico como son los alquilatos y los condensados. Estos resultan de la reacciones del propileno y los butilenos con el isobutano, productos estos generados por el cracking catalítico de la refinería.

En determinadas condiciones del mercado su utilización en la refinería pudo competir con su demanda petroquímica.

No obstante después de la segunda guerra mundial el formidable desarrollo de los polímeros y de la industria petroquímica impulsaron la demanda de las olefinas y la producción del propileno se orientó a satisfacer el mercado de sus derivados.

En la Figura N° 19 se muestra un esquema donde se resume los derivados mas importantes del propileno.

FIGURA N° 19. El propileno y sus principales derivados

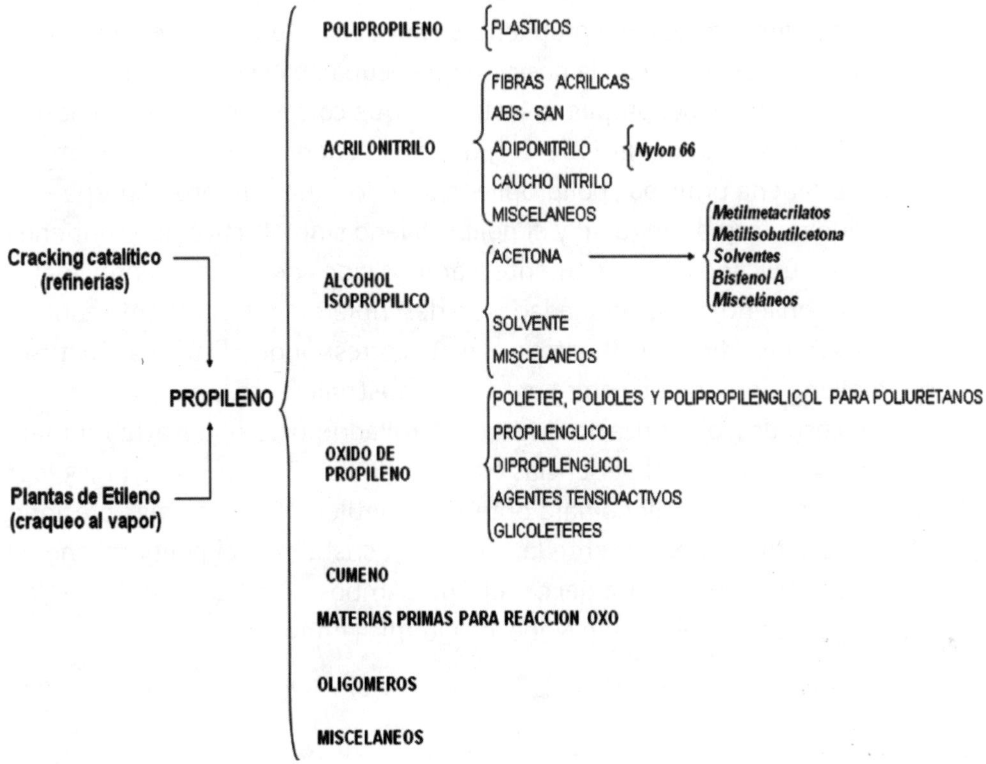

2.6.1.-Polipropileno.

Termoplástico semicristalino, que se produce polimerizando propileno en presencia de un catalizador estereoespecífico.

Fórmula:

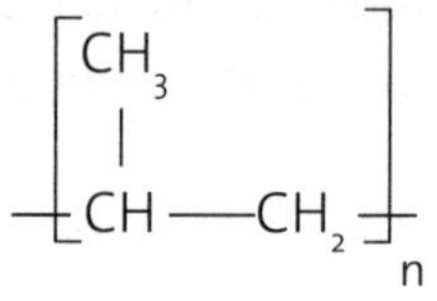

En su estado natural, el Polipropileno es incoloro, inodoro y translúcido. Su densidad es de 0,90 a 0,92 g/cm^3. Es un material sólido que se ablanda a los 155 – 165 °C. Es resistente a los ácidos y los álcalis, pero es atacado por agentes oxidantes fuertes. Es soluble en solventes orgánicos calientes.

Sus excelentes propiedades físico-químicas, así como el adecuado balance de las mismas (baja densidad, alta rigidez, resistencia al calor, excelente resistencia química, buena performance frente al impacto), lo ubica en una posición ventajosa frente a otros termoplásticos.

Con la polimerización del propileno, se pueden obtener tres estereoisómeros distintos de acuerdo con la posición que ocupa en el espacio el grupo -CH_3 que se denominan: polipropileno isotáctico que corresponde a una ubicación regular en el espacio del grupo –CH_3 que se encuentra siempre en el mismo lado de la cadena principal; polipropileno atáctico que contiene el grupo –CH_3 distribuido en forma irregular y el polipropileno sindiotáctico que contiene el grupo –CH_3 ubicado alternadamente a ambos lados de la cadena principal.

El polipropileno cuyas propiedades se describieron anteriormente contiene mas del 95% de la forma isotáctica y el resto corresponde a la forma atáctica. El polipropileno sindiotáctico no se produce industrialmente.

El proceso de polimerización fue desarrollado por Giulio Natta en marzo de 1954, siguiendo las experiencias exitosas de Karl Ziegler que en 1953 logra la polimerización del etileno para obtener polietileno lineal a bajas presiones. G. Natta identifica prontamente la estructura cristalina del polipropileno y la naturaleza estereoespecífica del catalizador. Ambos investigadores K. Ziegler y G. Natta, comparten el premio Nobel de Química en 1963.

Los catalizadores para producir polipropileno se denominaron de Ziegler-Natta y utilizan en este caso el tricloruro de titanio, $TiCl_3$, con un cocatalizador basado en un derivado del trietil aluminio, el cloruro de dietil aluminio: $Al(C_2H_5)_2Cl$.

El proceso de polimerización fue simplificado con las mejoras introducidas en el sistema de catálisis, permitiendo disminuir notablemente el porcentaje del isómero atactico que acompaña al isotactico, aumentando la isotacticidad por encima del 95%. Las sucesivas generaciones de catalizadores permitieron mejorar notablemente la productividad del catalizador expresada como Kg de PP/gr catalizador, introduciendo catalizadores soportados sobre $MgCl_2$, realizando cambios en el cocatalizador y más recientemente los catalizadores solubles, es decir homogéneos del tipo de los metalocenos.

Por polimerización del propileno como único monómero, se obtiene el homopolímero.

La polimerización de propileno con pequeñas cantidades de otros monómeros especialmente etileno permite la producción de copolímeros, con propiedades de mayor resistencia al impacto. Se producen dos tipos de copolímeros, uno se obtiene por la polimerización conjunta del propileno con el etileno, en este proceso la cadena de polipropileno incorpora al azar unidades de etileno que en general no superan el 5% de su peso, son los copolímeros "random". Estos copolímeros poseen gran transparencia, son más flexibles y tienen menor punto de fusión. Para la obtención del otro tipo de copolímero, se produce primero homopolímero de propileno y luego en un segunda etapa separada de la primera se produce el copolímero incorporando el etileno que forma pequeñas cadenas o bloques de polietileno entre las cadenas de homopolímero. Se forman de esta manera cadenas mas largas que las de homoplímeros y el producto adquiere propiedades especiales con gran elasticidad, tenacidad y resistencia al impacto. A este tipo de copolímeros con mayor contenido de etileno se los llama copolímeros "de impacto" y también copolímeros "en bloque".

El polipropileno es el principal consumidor de propileno a nivel mundial. Se estima que para el 2010 el consumo mundial alcanzó los 52 millones de toneladas, superando individualmente a cada uno de los diferentes tipos de polietileno. Esta situación determina una tasa de crecimiento del Polipropileno del 6,7 % anual que es superior a la tasa de crecimiento de cualquiera de los otros derivados del propileno.

En la República Argentina se consumen alrededor de 290.000 t/a (2010). Existen dos productores:

PETROKEN que se encuentra ubicado en Ensenada (Pcia Bs As) al costado de la Refinería La Plata de YPF, utiliza la corriente de C_3 de esa refinería que contiene aproximadamente 70 % de propileno y 30 % de propano. Tiene una capacidad de 190.000 t/a y utiliza el proceso LIPP – SHAC de SHELL, que produce la polimerización en fase líquida del propileno.

PETROQUÍMICA CUYO, que está ubicada en Luján de Cuyo (Pcía. Mendoza), utiliza como materia prima la corriente de C_3 de la Refinería Lujan de Cuyo de YPF, con una composición similar a la utilizada por PETROKEN. Utiliza el proceso en fase gas de la BASF, conocido como NOVOLEN y produce las tres variedades de Polipropileno: Homopolímero y copolímeros en sus dos tipos: random y bloque La capacidad de esta planta es de 130.000 t/a.

2.6.2.-Acrilonitrilo.

P.M: 53,06 g/mol
P.E: 77,3 °C
P.F: - 83,55 °C
Densidad: 0,806 g/cm^3 a 20°C

Es un líquido explosivo, inflamable y tóxico, puede polimerizar espontáneamente en ausencia de oxígeno o en presencia de luz. Polimeriza violentamente en presencia de álcalis. Es soluble en solventes orgánicos. La sobreexposición puede causar asfixia, irritación de ojos, dolor de cabeza, náuseas, vómitos y dermatitis.

El acrilonitrilo es el segundo producto en importancia, por el volumen producido, de los derivados del propileno. En la República Argentina no se produce y solo se importan unas 1000 t/a (año 2010).

El acrilonitrilo se obtiene principalmente por reacción del propileno con el amoníaco y el oxígeno del aire según la siguiente reacción:

$$2\,CH_2 = CH - CH_3 + 2\,NH_3 + 3\,O_2\,(aire) \rightarrow 2\,CH_2 = CH - CN + 6\,H_2O$$

Este proceso de amonoxidación del propileno fue desarrollado por la empresa SOHIO (Standard Oil of Ohio) que a partir de 1960 resultó ser el de mayor importancia industrial para la obtención de este producto.

La reacción se lleva a cabo en un lecho fluidizado con un catalizador a base de molibdato de bismuto a 400 - 450 °C y 1,5 atm. Este catalizador fue luego modificado para reducir la formación del acetonitrilo que se obtiene como subproducto conjuntamente con ácido cianhídrico. El ácido cianhídrico se separa y se lo utiliza para la síntesis del metilmetacrilato de metilo, por reacción con la acetona con la cuál forma la acetona-cianhidrina que luego con H_2SO_4 y metanol forma el éster metílico del ácido metaacrílico.

Por cada 1000 kg de acrilonitrilo se forman 30 - 40 kg de acetonitrilo y 140-180 kg de ácido cianhídrico. El acetonitrilo generalmente se quema como producto de desecho.

En el reactor se desprende calor, unos 760 KJ/mol (160 Kcal), un poco superior al teórico debido a que se quema una pequeña cantidad de propileno. Este calor se elimina poniendo en el reactor, dentro del lecho fluido, un serpentín de tubos verticales con circulación de agua que recupera el calor de reacción produciendo vapor sobrecalentado.

Los productos de la reacción son lavados con agua para separar los gases inertes: N_2 del aire y el propano que contiene el propileno. Luego la solución acuosa se concentra y se destila el acrilonitrilo hasta una pureza superior al 99 % apto para la calidad de fibras.

El uso mas importante del acrilonitrilo es su polimerización para producir el poliacrilonitrilo. Esta sustancia y sus copolímeros se utilizan para fabricar muy buenas fibras sintéticas para la industria textil. Las fibras acrílicas ocupan el cuarto lugar en importancia entre las fibras sintéticas debajo del poliéster, el nylon y las poliolefinas. Por su calidad y características son muy parecidas a la lana.

Otra aplicación importante del acrilonitrilo es la producción de copolímeros, el SAN que es un copolímero de acrilonitrilo con estireno y el ABS que es un terpolímero de estireno, butadieno y acrilonitrilo.

También a partir del acrilonitrilo se produce por electrohidrodimerización el adiponitrilo, que luego se convierte en hexametilendiamina (HMDA) que es uno de los monómeros para fabricar el nylon 66:

$$2\,CH_2=CH-CN \xrightarrow[2e^-]{2H^+} NC-(CH_2)_4-CN \xrightarrow{H_2} NH_2CH_2-(CH_2)_4-CH_2NH_2$$

Acrilonitrilo adiponitrilo HMDA

Otro derivado del acrilonitrilo es un caucho sintético obtenido por copolimerización con el butadieno, llamado caucho nitrilo, NBR (nitrilo butadiene rubber). Este caucho es producido en la República Argentina por Petrobrás Energía S.A. en su planta de Puerto General San Martín (Santa Fé) donde tiene una capacidad de 3000 t/a de NBR.

2.6.3.-Isopropanol.

P.M: 60,10 g/mol
P.E: 82,5 °C
P.F: - 88,5 °C
Densidad: 0,785 g/cm^3 a 20°C

El alcohol isopropílico ó isopropanol (IPA) es un líquido incoloro, inflamable, soluble en agua, etanol, éter y cloroformo. Forma azeótropos con el agua.

Los síntomas de sobreexposición son: irritación de ojos, garganta y nariz, dolor de cabeza y sequedad de la piel.

El isopropanol es producido en la R. Argentina por la empresa CARBOCLOR S.A. en Campana, Pcia. de Bs. As. a partir del corte C_3 (propano-propileno) proveniente del cracking catalítico de la Refinería ESSO que está ubicada en el mismo lugar. El suministro se realiza por cañería y el propano no utilizado es devuelto a la refinería.

CARBOCLOR tiene una capacidad de 48.000 t/a de isopropanol y el 35 % de su producción lo destina para la producción de acetona en la misma planta, el resto se vende como solvente para tintas y otros usos: componente de anticongelantes, solvente, productos cosméticos y farmacéuticos.El mercado del isopropanol en la Argentina presenta el siguiente perfil (año 2010):

Acetona	50%
Tintas gráficas	20%
Reventa	10%
Pinturas	4%
Agroquímicos	4%
Varios	12%

CARBOCLOR es una empresa productora de solventes oxigenados que además de isopropanol y de acetona produce:

- Metil etil cetona
- Metil isobutil cetona
- Butanol secundario
- Metil isobutil carbinol
- Eter isopropílico
- Solventes alifáticos
- Solventes aromáticos
- MTBE (Mejorador octánico)
- Y otros productos

Todos estos productos son elaborados con materia prima suministrada por la ESSO de su refinería, formando un complejo petroquímico integrado.

El alcohol isopropílico es producido por hidratación con ácido sulfúrico de acuerdo a las siguientes reacciones:

$$\underset{\text{Propileno}}{CH_3-CH=CH_2} + \underset{\text{Ac. Sulfúrico}}{H_2SO_4} \rightarrow \underset{\substack{|\\ O\text{-}SO_3H}}{CH_3-CH-CH_3} \quad \text{Sulfato ácido de isopropilo}$$

$$\downarrow + H_2O \; (\textit{hidrólisis})$$

$$\underset{\text{Alcohol isopropílico}}{CH_3-CHOH-CH_3} + H_2SO_4$$

En una primer etapa el propileno contenido en el corte C_3 de refinería reacciona con H_2SO_4 concentrado a 20 – 27 °C y a 10 – 12 bar formándose el sulfato ácido de isopropilo, el propano no reacciona y se retorna a la refinería. Luego en otro reactor se diluye el ácido con agua y se hidroliza el éster con la ayuda de vapor, regenerándose el ácido y se produce el alcohol isopropílico que queda en solución. De ésta se separa por destilación y el ácido sulfúrico diluido se regenera concentrándose por combustión sumergida en un reactor especial en el que se introduce un quemador a gas en la solución de ácido.

Es interesante destacar que este proceso que emplea CARBOCLOR, fue utilizado para obtener alcohol isopropílico en 1920 por la Standard Oil de New Jersey, quién de esta manera obtuvo el primer producto petroquímico a partir de los gases de una refinería. También en la República Argentina en 1944 se elaboró a partir de los gases de la Refinería de San Lorenzo de YPF, alcohol isopropílico como primer producto petroquímico obtenido a partir de los gases de la refinería y según un proceso diseñado por los técnicos de YPF.

Se han desarrollado métodos menos agresivos desde el punto de vista ambiental ya que el proceso de concentración y recuperación del ácido sulfúrico inevitablemente siempre produce contaminación ambiental.

Estos nuevos métodos realizan la hidratación directa del propileno con agua utilizando catalizadores zeolíticos ácidos en lecho fijo y también con ácido fosfórico:

$$\underset{\text{propileno}}{CH_3-CH=CH_2} + H_2O \xrightarrow{\text{cat}} \underset{\text{isopropanol}}{CH_3-CHOH-CH_3}$$

2.6.4.- Acetona.

Fórmula: $CH_3-CO-CH_3$

P.M: 58,08 g/mol

P.E: 56,5 °C

P.F: - 94 °C

Densidad: 0,790 g/cm^3 a 20°C

La acetona o propanona es un líquido incoloro, volátil y de olor característico. Es soluble en agua, alcohol, cloroformo, éter y otros solventes. Debido a su alta inflamabilidad, debe mantenerse alejada de fuentes de calor o ignición. Por ser un excelente solvente de gran cantidad de sustancias, se recomienda evitar su contacto con elementos de plástico y rayón. Síntomas de sobreexposición son: irritación de ojos, garganta y oído, dolor de cabeza y dermatitis.

La acetona es producida en la República Argentina por CARBOCLOR a partir del isopropanol por deshidrogenación en presencia de CuO como catalizador:

$$\underset{\text{isopropanol}}{CH_3 - CHOH - CH_3} \xrightarrow{CuO} \underset{\text{acetona}}{CH_3 - CO - CH_3} + H_2$$

También se puede obtener por oxidación del isopropanol con el oxígeno del aire, en cuyo caso se utiliza cobre o plata como catalizador:

$$CH_3 - CHOH - CH_3 + 1/2\ O_2 \rightarrow CH_3 - CO - CH_3 + H_2O$$

Ambos se realizan a temperaturas que están alrededor de los 500 ° C y 40 - 50 psig. Sin embargo, el proceso preferido es por deshidrogenación, la acetona es purificada por destilación y la conversión por paso es del 70 - 85 %.

La capacidad de la planta ubicada en Campana es de 18.000 t/a de acetona. Un 20 % de la producción se destina a la fabricación de metil isobutil cetona (MIBK), la cuál a su vez se utiliza un 30 % para fabricar metil isobutil carbinol (MIBC). El resto de la acetona se vende como solvente, para pinturas y barnices (18%), tintas (5%) y usos varios: solvente de grasas, aceites y ceras, agente de extracción, fabricación de adhesivos, etc.

La acetona también se obtiene en otros países como subproducto de la fabricación del fenol a partir del cumeno. En el pasado en nuestro país se la obtenía también por fermentación acetobutílica del maíz con el "clostridium acetobutílicum".

La principal fuente de acetona a nivel mundial es como subproducto de la fabricación del fenol vía cumeno según las siguientes reacciones:

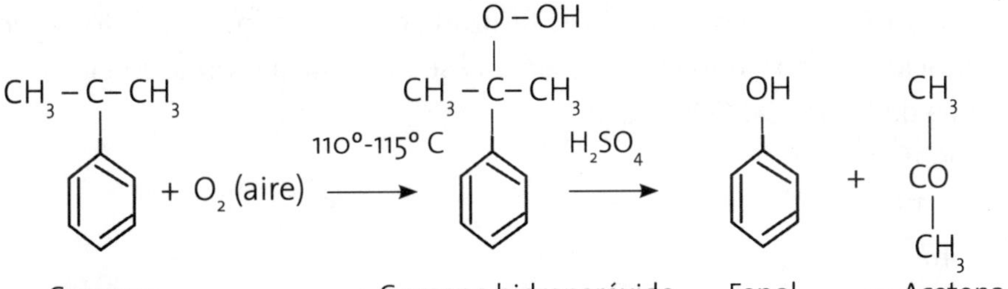

Cumeno — Cumeno hidroperóxido — Fenol — Acetona

El cumeno hidroperóxido luego de concentrado al 80 %, en pequeñas cantidades a los efectos de evitar explosiones dada su poca estabilidad, es reaccionado con ácido sulfúrico que provoca la escisión de la molécula de hidroperóxido ("cleavage") produciendo una molécula de acetona y una de fenol.

La acetona es también una materia prima importante en otros países para la obtención de otros productos como puede observarse en el perfil del mercado de los Estados Unidos:

Bisfenol A (13 %)
Metacrilato de metilo (40 %)
MIBK (10%)
Solvente (20%)
Varios (17%)

Estos dos productos se utilizan para la obtención de polímeros, el primero junto con la epiclorhidrina para la obtención de resinas epoxi y con el fosgeno ($COCl_2$) para obtener policarbonato. A su vez el metacrilato de metilo es el monómero para la obtención del polimetilmetacrilato.

2.6.5.-MIBK y MIBC.

La Metil Iso Butil Cetona (MIBK) es utilizada como solvente en la desparafinación de aceites lubricantes al igual que la Metil Etil Cetona (MEK), en la fabricación de pinturas, productos farmacéuticos, como solvente removedor de pinturas, lacas y resinas de diversas superficies, como componente de los adhesivos en los envases para alimentos aprobado por la FDA, y por su baja solubilidad en agua para extraer metales preciosos (oro y plata) de sus soluciones cianuradas. También se utiliza para la fabricación de semiconductores.

El Metil Iso Butil Carbinol (MIBC) es utilizado como espumante de los agentes de flotación en la minería y se destina a ese fin toda la producción local.

Fórmula de MIBK: $CH_3COCH_2CH(CH_3)_2$
P.M: 100,16 g/mol
P.E: 117 – 118 °C
P.F: - 84,7 °C
Densidad: 0,801 g/cm^3 a 20 °C

Las propiedades de MIBK y MIBC son similares, ambos son líquidos incoloros, con olor acre, a acetona, son parcialmente solubles en agua, y solubles en alcohol, benceno y éter. Los síntomas de sobreexposición son: irritación de ojos y membranas, dolor de cabeza, dermatitis, e incluso coma.

Las aplicaciones de la MIBK en la República Argentina son las siguientes (2010):

MIBC	33 %
Reventa	31 %
Pinturas	20 %
Thinner	13 %
Lacas	3 %

La obtención de éstos solventes la realiza Carboclor en su planta de Campana (Pcia Bs As), donde tiene una capacidad para producir 8.500 t/a de MIBK y 2000 t/a de MIBC.

El proceso consiste primero en la aldolización en medio alcalino de la acetona para dar diacetona alcohol, que luego se deshidrata para obtener el óxido de mesitilo. El óxido de mesitilo se hidrogena para dar el MIBK y luego el MIBC.

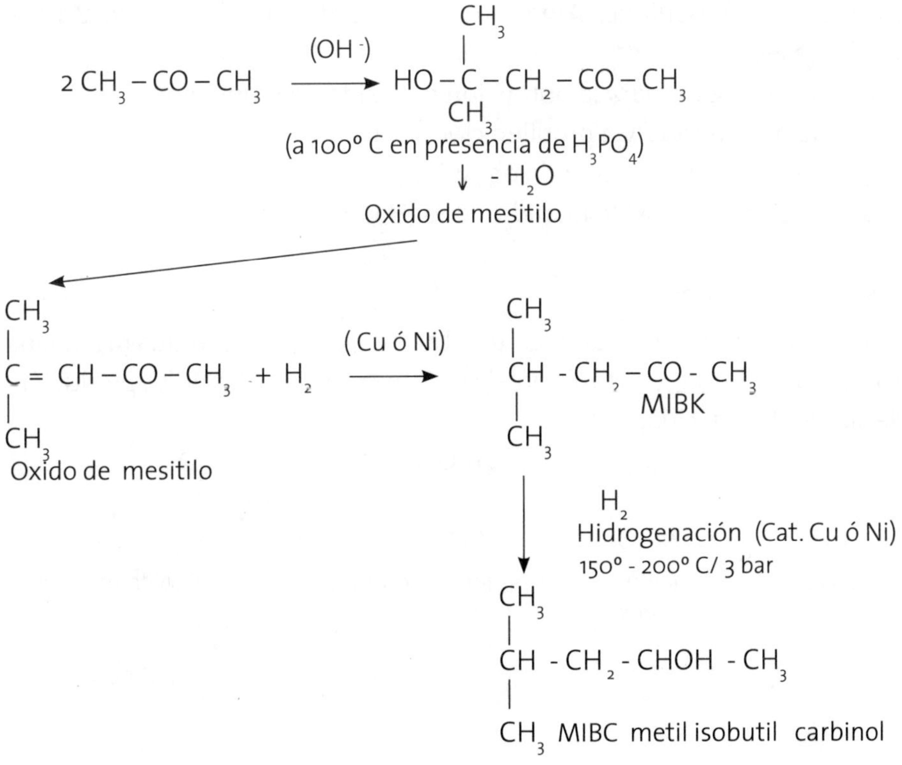

2.6.6.-Oxido de propileno.

Fórmula:
P.M: 58,08 g/mol
P.E: 34,2 °C
P.F: -112,13 °C
Densidad: 0,821 g/cm^3 a 20°C

El óxido de propileno es un líquido incoloro, muy inflamable. Es soluble en agua (40,5 %), soluble en alcohol y éter. Los síntomas de la sobreexposición son: irritación ocular y del sistema respiratorio superior. Irritación de la piel y quemaduras.

Las principales aplicaciones son: intermediario químico y obtención de poliuretanos, propilenglicoles, preparación de lubricantes y surfactantes.

El óxido de propileno no se produce en la Argentina, se importan alrededor de 25.000 t/a. Se lo utiliza localmente para la producción de polioles (propilen glicol, polioxi-propilenglicoles) y éteres glicólicos. La obtención de estos productos la realiza Dow Química Argentina en su planta de Pto. Gral. San Martín-Pcía. de Santa Fe.

Existen tres procesos para la obtención del óxido de propileno:

Por oxidación con cloro vía propilen clorhidrina.

Por epoxidación con un peróxido orgánico.

Por oxidación con peróxido de hidrógeno (H_2O_2)

Por oxidación con cloro:

El propileno se hace reaccionar en una torre a 35° - 50° C con una disolución acuosa de cloro, donde se estableció el equilibrio entre HCl y HClO, produciéndose la siguiente reacción:

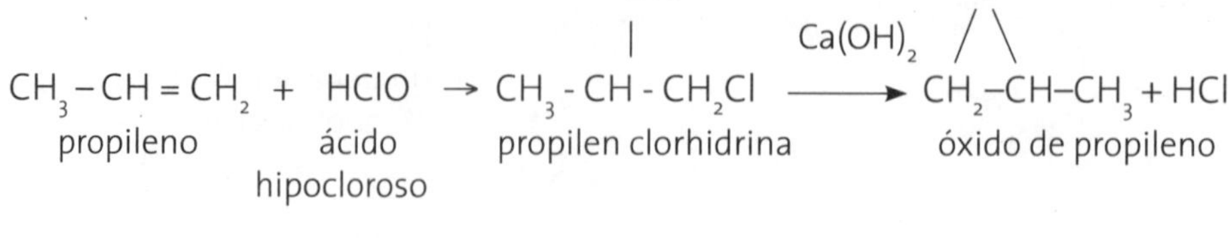

La mezcla con 4 – 6 % de propilen clorhidrina se trata a 25 °C con una lechada de cal al 10%, con la cuál se dehidroclora a óxido de propileno. El óxido de propileno se separa rápidamente de la mezcla por arrastre con vapor de agua para evitar su hidratación y finalmente se lo purifica por destilación.

El cloro utilizado se elimina como una solución de cloruro de calcio sin gran valor comercial, encareciendo este proceso, razón por la cuál se buscaron otros procedimientos para la oxidación en lugar del cloro.

No obstante la compañía DOW, gran productora mundial de cloro-soda, lo sigue empleando en algunos países, debido a que tiene un menor costo de inversión de capital.

Oxidación indirecta con un peróxido orgánico.

Los peróxidos utilizados por este proceso pueden ser los siguientes:

- Isobutano hidroperóxido
- Etil benceno hidroperóxido
- Ácido peracético.

El más utilizado es el que utiliza etilbenceno y da como subproducto al estireno. El proceso consiste en las siguientes reacciones:

1° - En el reactor de peroxidación el etil benceno se oxida con aire u oxígeno en fase líquida en condiciones lo más cuidadosas posibles, por ejemplo a 120 – 140 °C y unos 35 bar. Se alcanza una selectividad del 87 % de hidroperóxido, con una conversión de etil benceno del 15 – 17 %, los productos secundarios son 1-fenil etanol y acetofenona.

2° - En un segundo reactor, tras enriquecimiento del hidroperóxido por destilación del etil benceno no transformado, se realiza la epoxidación del propileno en fase líquida en presencia de un catalizador a base de Molibdeno a 90 – 130 °C y 15 – 65 bar.

3° - El alfa-fenil etanol obtenido como subproducto se lo deshidrata en fase gaseosa a 180 – 280 °C sobre un catalizador a base de óxido de titanio y alúmina, obteniéndose el estireno.

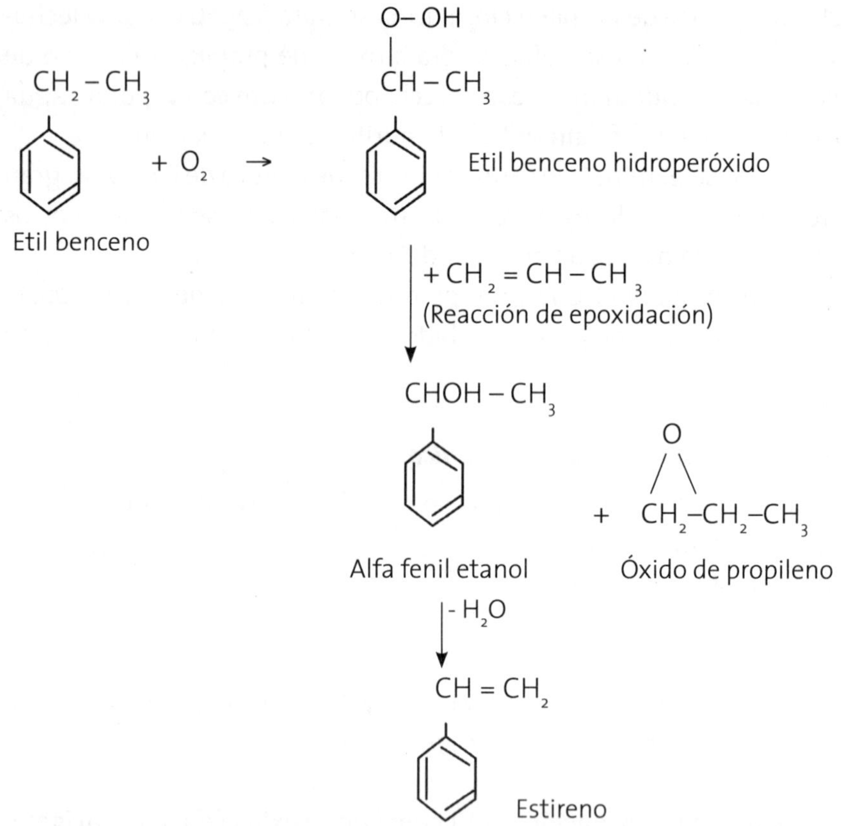

Este proceso tiene el inconveniente que produce el doble de estireno que de óxido de propileno, debido como se puede observar, a la diferencia de los pesos moleculares entre los dos productos obtenidos, de manera que existen limitaciones del mercado según sea la demanda de estos productos.

Este proceso es conocido con el nombre de OXIRANE y fue desarrollado independientemente por las firmas HALCON y ATLANTIC RICHFIELD, ambas de los Estados Unidos de Norteamérica, y es el más utilizado con preferencia para la obtención del óxido de propileno.

Por epoxidación con peróxido de hidrógeno (H_2O_2).

Este proceso es de reciente desarrollo y tiene la ventaja de tener como único subproducto de la reacción el agua, según la siguiente reacción:

$$CH_3-CH=CH_2 + H_2O_2 \rightarrow \overset{O}{\overbrace{CH_2-CH}}-CH_3 + H_2O$$

propileno — peróxido de hidrógeno — óxido de propileno

Se requieren plantas de agua oxigenada generalmente un 50 % mayor que las usuales. DOW y BASF, utilizan esta tecnología y construyen plantas de agua oxigenada de 200.000 t/a de capacidad para alimentar sus plantas de óxido de propileno, que con este proceso requieren menor inversión que las plantas que utilizan el proceso OXIRANE.

2.6.7.-Oxoalcoholes

La producción de oxoalcoholes se realiza por oxosíntesis o hidroformilación de una olefina que es un proceso que permite alargar la cadena de carbonos, cuando existe en uno de sus extremos una doble ligadura. Para lograr esto se hace reaccionar la olefina con gas de síntesis ($CO + H_2$) en presencia de un catalizador a base de cobalto.

El proceso fue desarrollado en Alemania por Roelen (1938) e industrialmente por la empresa Ruhrchemie A.G. que para este fin formó la empresa Oxo Gesellschaft. La palabra "oxo" proviene del alemán "oxierung" que significa quetonización, debido al hecho de que con esta reacción en un principio también se producían cetonas.

La oxosíntesis para la obtención de alcoholes se realiza en tres etapas según las siguientes reacciones.

A título de ejemplo utilizaremos propileno, pero se puede usar cualquier otra olefina especialmente alfa olefinas, es decir con la doble ligadura en el carbono 1 y también se utilizan olefinas cíclicas como el ciclohexeno o ciclohepteno.

Reacciones:

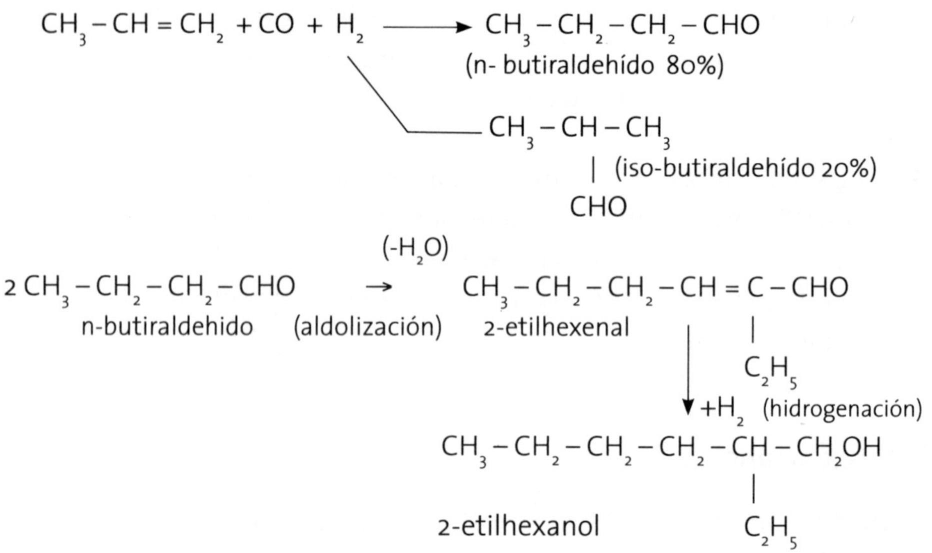

El propileno reacciona con el gas de síntesis en fase líquida, generalmente el producto de la reacción sirve como solvente ó bien se puede usar algún hidrocarburo. El gas de síntesis está formado en este caso por una mezcla de CO e H_2, con una relación 1:1 y el catalizador de cobalto puede ser cualquier sal o cobalto metálico. En un principio se forma por la acción del CO un compuesto del tipo $Co_2(CO)_8$ cobalto octacarbonilo ó cobalto hidrocarbonilo $HCo(CO)_4$, que actúan luego como catalizadores. La reacción se lleva a cabo en reactores de acero inoxidable a presiones entre 200 y 300 bar y 110 a 150 °C.

En este caso se forman dos isómeros con preferencia del n-butiraldehído (80 %) sobre la forma iso (20%), debido fundamentalmente a las diferentes velocidades de reacción.

La mezcla de aldehídos debe luego someterse a un proceso de decobaltizado, para eliminar el Co que sino en las próximas etapas del proceso precipita interfiriendo con los catalizadores de hidrogenación y produciendo obstrucciones en las cañerías.

El aldehído decobaltizado se puede hidrogenar al alcohol correspondiente en este caso el n-butanol, o bien, producir su aldolización en medio alcalino y posterior hidrogenación para obtener el 2-etilhexanol.

El 2-etilhexanol es un alcohol muy utilizado para la producción de ésteres con el anhídrido ftálico, con el cual se obtiene el di iso octil ftalato (DIOP), que se utiliza como plastificante de la resina de PVC, que permite obtener los compuestos de PVC empleados para la fabricación de mangueras, film, y en general artículos flexibles. Para los productos rígidos en cambio se utiliza solo la resina sin plastificante.

En la Argentina no se produce el 2- etilhexanol, en cambio se producen otros alcoholes superiores a partir de dímeros, trímeros y tetrámeros del propileno (C_6, C_9 y C_{12}), dímeros del butileno (C_8) y de combinaciones de propileno y butileno (C_7). Con estas olefinas por el proceso oxo, YPF produce 35.000 t/a de alcoholes superiores con un carbono más: C_7 a C_{13}. (Planta Petroquímica en Ensenada –Pcia Bs.As.). Ver ANEXO III – Recuperación de olefinas de la Refinería de La Plata de YPF.

CAPÍTULO 3

OLEFINAS DERIVADAS DEL C4: BUTADIENO Y BUTILENOS

3,1.- Principales propiedades.

Las olefinas con cuatro de carbono a 15°C y 760 mmHg se encuentran al estado gaseoso, son incoloras e inflamables. Son insolubles en agua, solubles en alcohol, éter y solventes orgánicos.

Estos hidrocarburos presentan varios isómeros, su peso molecular es de 56,10 para los que tienen una sola doble ligadiura y de 54,08 para los que tienen dos dobles ligaduras.

Son irritantes de la piel y de las mucosas, algunos a altas concentraciones son narcotizantes.

Los productos químicos obtenidos de las olefinas con cuatro átomos de carbono son producidos a mucho menor escala que los obtenidos derivados del etileno ó propileno.

Al tener cuatro átomos de carbono presentan varios isómeros, los que a su vez dan origen a distintos productos. En este capítulo también incluimos las diolefinas con cuatro átomos de carbono como es el butadieno.

3.2.- Materias primas.

Las materias primas que se utilizan para la obtención de estas olefinas tienen dos fuentes principales:

A - El corte C_4 obtenido del proceso de refinación conocido como cracking catalítico (FCC)

En el FCC donde se alimenta gasoil de vacío para obtener nafta y gasoil para automotores, se generan gases que son ricos en olefinas, los cuales una vez condensados y fraccionados producen el corte C_3 con 70% de propileno y también un corte C_4 rico en butilenos. En este corte proveniente de un FCC no hay butadieno, solamente butilenos y butanos, debido a que la temperatura de operación del FCC alrededor de 500° C no es suficiente para producir las dos dobles ligaduras del butadieno. La proporción que suele obtenerse en este corte de C_4's es:

Butanos (iso y normal)	4,5 %
Butilenos	6,5 %

Valores expresados en % en peso con respecto a la alimentación al cracking catalítico.

B - El corte C_4 obtenido en la operación de cracking al vapor para obtener etileno.

En el siguiente cuadro se muestra la composición típica de este corte C_4 (Valores en % en peso):

PRODUCTO	B.S.	A.S.	P.E. (°C)
1,3-BUTADIENO	26	47	- 4,4
ISOBUTENO	32	22	- 6,9
1-BUTENO	20	14	- 6,26
TRANS-2-BUTENO	7	6	+ 0,88
CIS-2-BUTENO	7	5	+ 3,72
N-BUTANO	4	3	+ 0,50
VINILACETILENO	0,2	2	+ 5,0
OTROS:			
- ISOBUTANO			+ 11,73
- ETILACETILENO	3,8	1	+ 8,07
- 1,2-BUTADIENO			+ 10,85
	100	100	

B.S.: Baja Severidad de craqueo A.S.: Alta Severidad de craqueo

La mayor severidad esta dada por un reducido tiempo de contacto y una mayor temperatura.

Estos productos en muchos casos no pueden separarse por destilación debido a la escasa diferencia entre sus puntos de ebullición y debe recurrirse a otros procedimientos físicos y químicos.

3.3.- Principales Derivados.

3.3.1.-Butadieno

El butadieno se produjo en la República Argentina desde 1964 en Puerto San Martín, Pcía de Santa Fe, por la compañía PASA hasta el año 1990, año en que se cerró la planta y comenzó a importarse desde Brasil.

La producción del butadieno se realizó por deshidrogenación del n-butano, según el proceso Houdry que es el mismo proceso ahora llamado Catofin que se utiliza para obtener propileno a partir del propano y también el isobutileno a partir del isobutano.

El butadieno junto con el estireno se destinan a la fabricación del caucho sintético SBR, (Styrene-Butadiene-Rubber) y con el acrilonitrilo a la obtención de caucho nitrilo NBR. Ambos son producidos en Puerto San Martín, Pcía de Santa Fe, por PETROBRAS ENERGÍA SA (ex PASA), la capacidad instalada es de 55.000 t/a para el SBR y 3.000 t/a para el NBR.

El caucho SBR es utilizado fundamentalmente para la producción y reparación de neumáticos (80 %), para suela de calzados (7 %) y el resto para piezas industriales y autopartes. El NBR es utilizado en autopartes y piezas industriales.

El proceso Houdry es uno de los métodos para obtener el 1,3-butadieno y la alternativa que se utiliza actualmente, por ser la más económica, es la separación del 1,3-butadieno del corte C_4 que se obtiene en las plantas de etileno.

La Argentina importa actualmente unas 29.300 t/a (año 2010).

La separación del butadieno de los otros butenos y butanos que constituyen el corte C_4 obtenido de los crackers de etileno se realiza mediante una destilación extractiva según el esquema de la Figura N° 20:

FIGURA Nº 20: SEPARACION DEL BUTADIENO DEL CORTE C4
POR DESTILACIÓN EXTRACTIVA

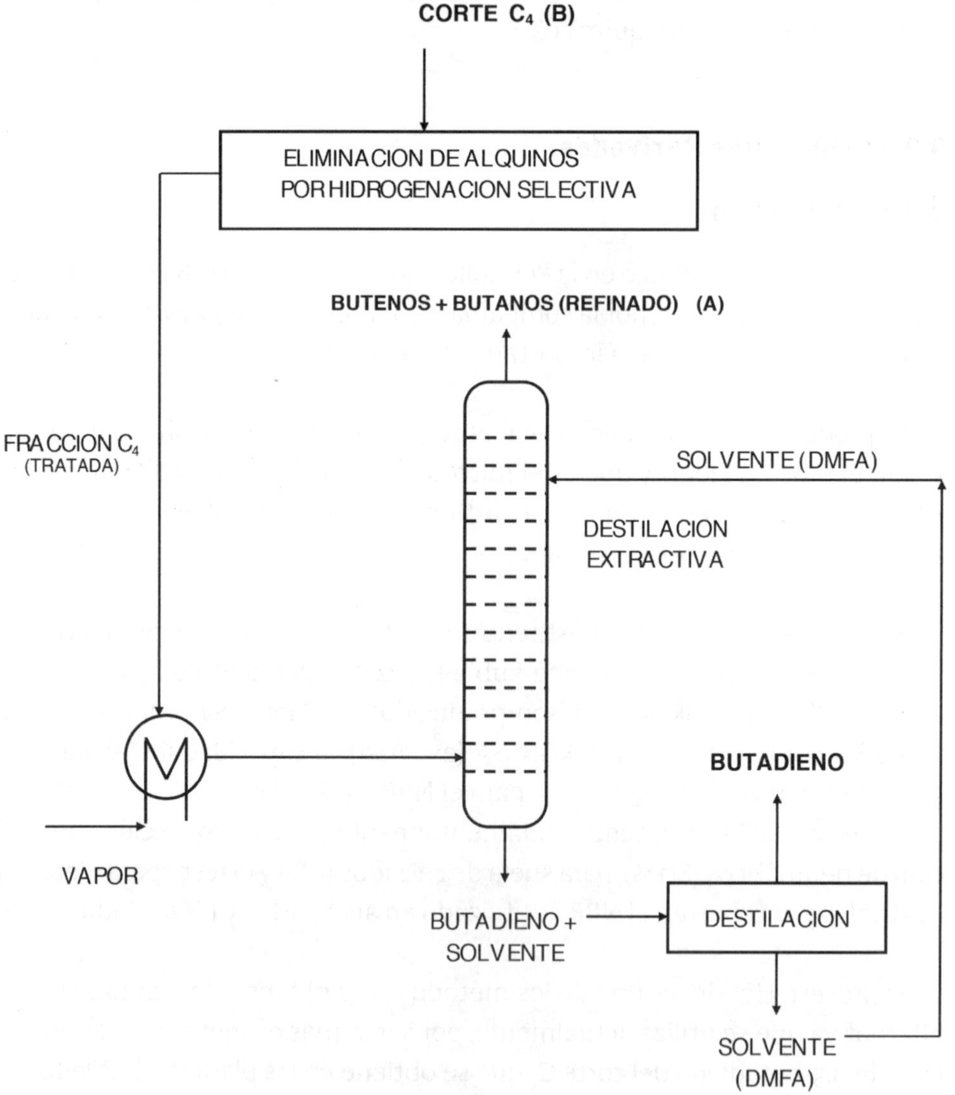

DMFA: Dimetil formamida, solvente utilizado para el arrastre del butadieno.

El Refinado tiene los mismos componentes que la fracción C_4 procedente del cracking catalítico (FCC), denominado como materia prima "A". Ambos cortes contienen los siguientes productos:

Butano e isobutano.
1-buteno
2-buteno (cis y trans)
Iso buteno

Otra aplicación importante del butadieno es la producción de polibutadieno que conjuntamente con el SBR constituyen los cauchos sintéticos mas utilizados para la fabricación de neumáticos:

$$\underset{\text{1,3-butadieno}}{n\ CH_2 = CH - CH = CH_2} \longrightarrow \underset{\text{cis polibutadieno}}{-(CH_2 - CH = CH - CH_2)_n-}$$

La Argentina importa unas 16.800 t/a de caucho polibutadieno ya que no se produce localmente.

El butadieno como tal o como polibutadieno se utiliza también en la fabricación del terpolímero ABS (Acrilonitrilo – Butadieno – Estireno). Se realiza mediante una polimerización graft de acrilonitrilo y estireno sobre un polibutadieno preformado.

También como SBR se agrega durante la polimerización del estireno para obtener los poliestirenos de alto impacto y super alto impacto, muy utilizados en la industria de la refrigeración, partes internas de las heladeras, electrodomésticos, industria automotriz y envases para lácteos. En la Argentina no se produce actualmente ABS importándose 7.680 t/a (año 2010). Los poliestirenos de alto impacto son producidos por Petrobrás Energía en su planta de Zárate, Pcía. de Bs.As. con una capacidad global de poliestirenos convencionales y de alto impacto de 66.000 t/a que no alcanzan para cubrir la demanda local debiéndose importar la diferencia.

En los Estados Unidos se utiliza también el butadieno como materia prima para producir la hexametilendiamina (HMDA) que es uno de los monómeros para producir el Nylon 66.

Otros productos importantes se obtienen del corte C_4 tipo "A" o del refinado obtenido después de separar el butadieno, ellos son:

Metilterbutil Eter (MTBE)
Butanol Secundario y Metil Etil Cetona (MEK)
Anhídrido Maleico
Poliisobutileno

3.3.2.-Metil terbutil éter (MTBE).

Este producto es un mejorador octánico que se desarrolló para reemplazar el plomo tetraetilo que se agregaba a las naftas para incrementar su número de octanos.

YPF en sus Refinerías de Ensenada (Pcia. de Bs As) y Luján de Cuyo (Pcia de Mendoza), y CARBOCLOR en su planta de Campana (Pcia. de Bs As), lo producen a partir del isobutileno contenido en el corte C_4 proveniente de los FCC, que reacciona selectivamente con el metanol, mientras que no lo hacen los otros butilenos que lo acompañan:

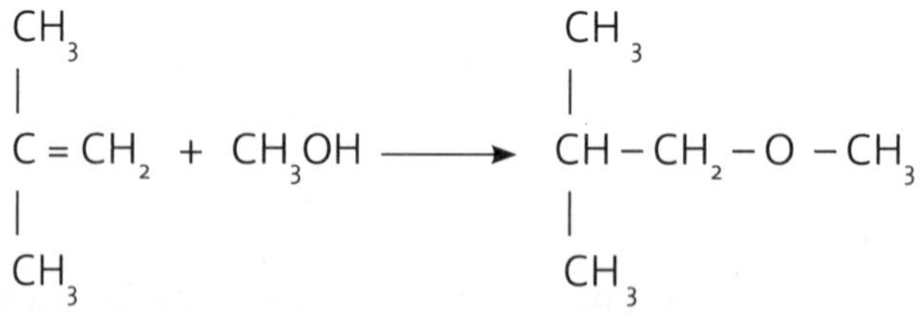

Iso butileno + metanol metil terbutil éter

La capacidad instalada es de 60.000 t/a para YPF en su planta de Ensenada, 48.000 t/a para YPF en su planta de Luján de Cuyo y 30.000 t/a para Carboclor en su planta de Campana. La producción en el año 2010 fue de aproximadamente 138.400 t/a que no alcanza para abastecer la demanda local de unas 200.000 t/a debiéndose importar la diferencia.

En el caso de YPF el MTBE producido se utiliza para separar por destilación fraccionada al 1-buteno de los butenos restantes, lo cuál no es posible hacerlo directamente por destilación debido a la proximidad de sus puntos de ebullición.

El isobutileno tiene un P.E. = – 6,90 °C y el 1-buteno un P.E. = – 6,26 °C, los demás butenos tienen un P.E. por encima de 0 °C.

De esta manera se producen 4.000 t/a de 1-buteno que se destinan para la producción de polietileno lineal de baja densidad, donde actúa como co-monómero regulador de la densidad y la cristalinidad del polímero.

Los demás 2-butenos, cis y trans, son destinados por YPF, previa dimerización, a la producción de oxoalcoholes de C_9. (Ver ANEXO III – Recuperación de olefinas de la Refinería de La Plata de YPF)

3.3.3.-Butanol secundario y MEK.

Carboclor, además de producir MTBE con el isobutileno, produce butanol secundario con los otros butilenos lineales. La capacidad instalada (2011) es de 13.000 t/a, la producción actual es de 9.300 t/a y el consumo es de aproximadamente 8.300 t/a, exportándose la diferencia.

El Butanol secundario se utiliza para:

- Obtención de Metil Etil Cetona (MEK)	90 %
- Solvente para tintas gráficas:	10 %

La reacción de obtención es la siguiente:

$$\underset{\text{1-buteno ó 2-buteno}}{CH_3-CH_2-CH=CH_2} \xrightarrow[(H_2SO_4)]{(+H_2O)} \underset{\text{2-butanol}}{CH_3-CH_2-CHOH-CH_3}$$

La hidratación indirecta con ácido sulfúrico al 75 – 80 % y 30 °C se produce formando primero el éster ácido de butilo que luego se hidroliza a butanol secundario ó 2- butanol.

Por deshidrogenación catalítica del 2-butanol se obtiene la acetona correspondiente Metil-Etil-Cetona ó MEK; esta reacción se produce en fase gaseosa a 400 – 550 °C sobre ZnO ó Cu-Zn como catalizadores.

$$\underset{\text{2-butanol}}{CH_3-CH_2-CHOH-CH_3} \xrightarrow{\text{Cat. ZnO}} \underset{\text{MEK}}{CH_3-CH_2-CO-CH_3} + H_2$$

Ambas reacciones son similares a las que se realizan para producir el isopropanol y la acetona a partir del propileno.

La capacidad instalada (2011) de Carboclor para la producción de MEK es de 9.000 t/a, la producción actual es de 8.700 t/a y el consumo es de aproximadamente 4.000 t/a, exportándose la diferencia.

Los usos de la Metil Etil Cetona son:

Reventa	30 %
Pinturas y barnices	26 %
Desparafinación de aceites	16 %
Thinner	13 %
Adhesivos	7 %
Varios	5 %
Agroquímicos	3%

3.3.4.-Anhídrido maleico.

De los butanos normal e iso también se obtienen productos importantes, del n-butano por oxidación el anhídrido maleico y del iso butano, previa deshidrogenación a isobutileno se obtiene el poliisobutileno.

El anhídrido maleico es producido por YPF en Ensenada Pcía. Bs.As. por oxidación del n-butano y también anteriormente lo hacía a partir de benceno. La planta puede utilizar cualquiera de las dos materias primas, pero la producción resulta más económica a partir del n-butano. La reacción es la siguiente:

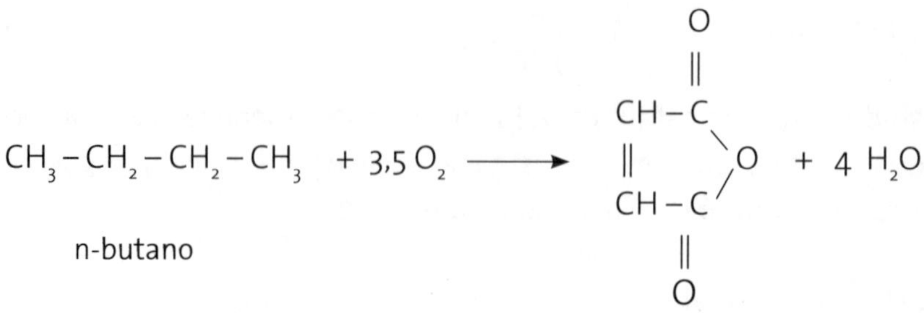

n-butano

Anhídrido maleico

El proceso es una oxidación del butano con aire sobre un lecho fijo de un catalizador formado por Zn,V y P. El rendimiento es del 41 – 45 % basado en el butano.

La capacidad de la planta de YPF es de 18.000 t/a y el destino principal es la exportación: 11.170 t/a (año 2010) y el resto se consume localmente:

RESINAS POLIÉSTER	70 %
RESINAS MALEICAS	14 %
ADITIVOS PARA PAPEL	12 %
VARIOS	4 %

En otros países se emplea para producir ácidos utilizados como acidulantes para alimentos, fumárico y málico, y productos químicos para la agricultura.

3.3.5.-Poliisobutileno.

YPF lo produce en su planta de Ensenada Pcia. Bs As a partir de materia prima de su refinería, tiene una capacidad instalada de 26.000 t/a produciendo solamente 11.660 t/a y se exportan 9.450 t/a. La diferencia se utiliza en el país para la producción de aditivos para lubricantes, adhesivos y selladores.

Producen diferentes grados de polímero, con diferentes pesos moleculares y viscosidades.

Reacciones:

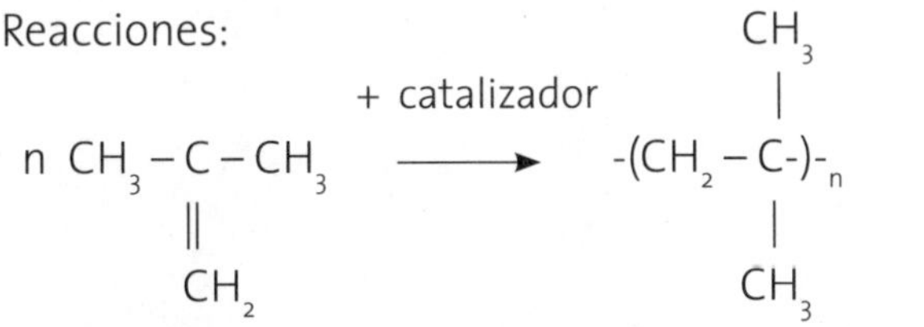

Isobutileno poliisobutileno

La temperatura en el reactor durante la polimerización, la concentración de isobutleno y la del catalizador son las tres variables con las que se controla el peso molecular y por lo tanto la viscosidad del polímero obtenido. Se pueden obtener productos líquidos livianos de baja viscosidad y bajo peso molecular ó productos muy viscosos semi sólidos de alto peso molecular, de acuerdo a las especificaciones del producto que se quiere producir.

La planta utiliza la tecnología de Cosden Oil and hemical Co. para la polimerización y también tiene una unidad de deshidrogenación de isobutano de Phillips, proceso STAR para producir isobutileno y poder disponer de mayor cantidad de materia prima,

CAPÍTULO 4 OLEFINAS SUPERIORES

4.1.- Principales propiedades

Las olefinas con un número de átomos de carbono superior a cuatro, se denominan "olefinas superiores", a medida que aumenta el número de átomos de carbono en la cadena presentan un mayor número de isómeros. Los primeros compuestos de esta clasificación corresponden al C_5 y se obtienen de la fracción C_5 resultante de la disociación de la nafta por craqueo al vapor. Esta fracción contiene gran variedad de isómeros y está formado por n-pentano, isopentanos, n-pentenos, isopentenos, isopreno, ciclopenteno, ciclopentadieno y pentadieno. De todos estos isómeros se aíslan principalmente el isopreno y el ciclo pentadieno, que tienen aplicación industrial.

Las olefinas superiores se pueden diferenciar en dos grupos principales las no ramificadas y las ramificadas. En las no ramificadas con los procesos de obtención solo se pueden obtener mezclas de homólogos, es decir fracciones, como por ejemplo, C6-C9; C10-C13; C14-C18, es decir no se aíslan componentes sino fracciones de homólogos, el doble enlace puede ser terminal o en el interior de la cadena.

En cambio las olefinas superiores ramificadas pueden obtenerse en forma dirigida por síntesis, es decir con un número limitado de isómeros.

La obtención de olefinas superiores, tiene importancia técnica hasta C_{18}. En especial las olefinas no ramificadas han obtenido en los últimos tiempos gran interés debido a que los productos derivados de ellas presentan ventajas especiales como por ejemplo su degradabilidad biológica, debido justamente a que su cadena es lineal.

4.2.-Principales Aplicaciones.

Las olefinas superiores son materias primas para obtener productos finales que son utilizados en diversas aplicaciones industriales. Algunas de las más importantes son las siguientes:

- Alfa- olefinas C_4, C_6, y C_8 como comonómeros en la fabricación de PELBD.
- Alfa-olefinas C_9 a C_{18} para la producción de alcoholes por el proceso "Oxo" que luego son polimerizados con óxido de etileno ("etoxilados") para obtener surfactantes.
- Alfa-olefinas C_{10} a C_{14} para la obtención de lineal alquilbencenos (LAB) para luego producir el ácido lineal alquil benceno sulfónico (LAS), detergente biodegradable de gran consumo doméstico.
- Alfa-olefinas para obtener alfa-olefinas sulfonadas (AOS) utilizadas como detergentes sólidos en polvo para máquinas de lavar.
- Obtención de aminas terciarias, que se emplean como sales cuaternarias en la lucha contra infecciones de bacterias, hongos, y virus productores de muchas enfermedades infecciosas. Las sales de amonio cuaternario se utilizan también como suavizantes textiles y en la industria cosmética.
- En la producción para plastificantes de PVC, se utilizan olefinas de C_6, C_8, y C_{10} que se transforman en aldehídos mediante la reacción "Oxo" con $CO + H_2$ y luego en alcoholes por reducción con H_2. El alcohol es luego esterificado con anhídrido ftálico para obtener dichos plastificantes, que transforman a la resina de PVC en un compuesto blando y flexible.
- Alfa-olefinas en el rango de C_6 a C_8 para obtener ácidos grasos, utilizados para la producción de plastificantes, lubricantes sintéticos, resinas alquídicas, sales metálicas para espesar grasas, cosméticos y muchos otros productos.
- Producción de lubricantes sintéticos de alta performance.
- Alfa-olefinas de C_{16} a C_{20} para la obtención de anhídrido alquenilsuccínico (ASA) utilizado en la fabricación de papeles de alta calidad.

- Otras aplicaciones menores como la preparación de aditivos para la recuperación de petróleos muy pesados, fabricación de parafinas cloradas, agentes tánicos para cueros, aditivos para combustibles, etc, así como otras que se encuentran en la etapa de desarrollo.

4.3.-Obtención de olefinas superiores no ramificadas

Las olefinas no ramificadas, también llamadas normales o lineales, en especial las α-olefinas (alfa-olefinas) u olefinas terminales en el C_1 se pueden obtener por dos procesos principales:

-Por oligomerización del etileno.

Utilizando el catalizador de Ziegler o bien por medio de catalizadores organometálicos.

- Por deshidrogenación de n-parafinas.

Existen otros procesos como el de cracking de parafinas pesadas que han caído en desuso.

4.3.1.-Oligomerización del etileno

En la oligomerización del etileno, los procesos son similares en cierta forma a los utilizados para obtener el polietileno, con la diferencia que en este caso se adicionan menos unidades de etileno. Precisamente el término oligomerización se refiere a una polimerización que se realiza con pocas unidades de monómero, en este caso del etileno. Al igual que en el proceso de polimerización no se obtiene un único producto resultante de la reacción, sino una mezcla de varios productos con diferentes pesos moleculares según el proceso y los catalizadores utilizados.

Los procesos mas utilizados fueron desarrollados por varias empresas entre las cuáles tenemos principalmente a Ethyl Corporation (proceso en dos etapas), a Chevron/Gulf (proceso de una etapa), a Shell (proceso de una etapa), a Exxon, a Vista Chemicals y a otras empresas productoras que siguen investigando nuevas rutas o procesos.

El proceso de una sola etapa también se llama catalítico o de distribución geométrica y el de dos etapas se llama estequiométrico o método de distribución estadística.

La distribución de las olefinas obtenidas según estos procesos resulta aproximadamente la siguiente:

α-olefinas	Proceso de una etapa	Proceso de dos etapas
	(Alta temperatura)	(Baja temperatura)
C_4	5	5
$C_6 - C_{10}$	48	50
$C_{12} - C_{14}$	20	30
$C_{16} - C_{18}$	13	12
$C_{20} < C_{20}$	14	3

La polimerización del etileno durante la oligomerización tiende a ensuciar y tapar el equipamiento y los procesos comerciales deben evitar y prever la promoción de los taponamientos de alguna manera.

La habilidad para manejar este problema y evitar el ensuciamiento y sus consecuencias representa aspectos importantes que son propiedad de la tecnología de los diferentes productores.

Un "flowsheet" básico puede representarse en forma similar para las diferentes tecnologías, ya que en todos los procesos, debe alimentarse el etileno y el catalizador a presiones superiores a 70 bar, todos deben destilar y almacenar los productos finales. Deben tener hornos para suministrar calor y torres de enfriamiento para eliminar el calor, y el exceso de etileno al final de la reacción debe separarse y reciclarlo usando compresores. Adicionalmente el proceso puede beneficiarse por el uso de algún solvente.

En el proceso de una etapa la oligomerización del etileno se realiza a alta temperatura, en el que a unos 200 °C y 250 bar se cataliza la reacción con trietilaluminio (cerca de un 0,5 % en peso).

Intencionalmente se limita la transformación del etileno para obtener en su mayor parte α-olefinas sin ramificaciones. El catalizador después de la reacción se destruye por hidrólisis alcalina y queda en la mezcla de olefinas resultante.

Otra característica del proceso de una sola etapa es que en comparación con el de dos etapas es mucho más amplio el número de átomos de carbono de las cadenas carbonadas desde C_4 hasta C_{30} en la mezcla de olefinas obtenidas.

En el proceso de dos etapas también se utiliza como catalizador el trietilaluminio. En la primer etapa a baja temperatura, 90 – 120 °C y 100 bar, el etileno se intercala en el tricloruro de aluminio con crecimiento de las cadenas alcohílicas unidas al etileno:

$$Al(C_2H_5)_3 + CH_2 = CH_2 \rightarrow (C_2H_5)_2Al.CH_2 - CH_2 - C_2H_5$$

$$(C_2H_5)_2AlCH_2{-}CH_2{-}C_2H_5 + nCH_2{=}CH_2 \rightarrow (C_2H_5)_2Al.(CH_2\text{-}CH_2)_{n+1}\text{-}C_2H_5$$

En la segunda etapa a mayor temperatura, alrededor de 200 a 300 °C y menor presión (50 bar), se desenganchan las cadenas formadas de α-olefinas y se recupera el catalizador libre:

$$(C_2H_5)_2Al.(CH_2\text{-}CH_2)_{n+1}.C_2H_5 + CH_2{=}CH_2 \rightarrow$$

$$\underset{\text{Catalizador}}{Al(C_2H_5)_3} + \underset{\alpha\text{-olefina}}{CH_2{=}CH\text{-}(CH_2\text{-}CH_2)_{n+1}\text{-}CH_2{-}CH_3}$$

Las α-olefinas así formadas tienen un número par de carbonos en la cadena, son lineales, no isomerizadas y con un alto grado de pureza. El catalizador recuperado se vuelve a utilizar.

En la Argentina no se producen este tipo de α-olefinas a partir del etileno, sí existen grandes plantas en EEUU y Europa con capacidades de mas de 250.000 t/a que suministran estas α-olefinas a diversas plantas que con ellas sintetizan una gran variedad de productos, entre los que se destacan los siguientes:

- *Alcoholes superiores:*

Estos se obtienen por reacción de una α-olefina con $CO + H_2$ (gas de síntesis), mediante la reacción de oxo síntesis, produciendo un aldehído que luego se hidrogena en otra etapa para obtener el alcohol:

$$R\text{-}CH = CH_2 + CO + H_2 \rightarrow R\text{-}CH_2\text{-}CH_2\text{-}CHO \text{ (aldehído)}$$

α-olefina gas de síntesis

$$\downarrow \text{Hidrogenación } (+ H_2)$$

$$R\text{-}CH_2\text{-}CH_2\text{-}CH_2OH \text{ (alcohol)}$$

Los alcoholes superiores (C_8 - C_{18}) así obtenidos de acuerdo con su composición y la distribución de los pesos moleculares pueden destinarse a la producción de surfactantes, como alcoholes etoxilados con óxido de etileno. Los alcoholes utilizados en estos casos son de cadenas lineales no ramificadas, lo que es fundamental para ser biodegradables.

También se obtienen alcoholes superiores de α-olefinas obtenidas a partir de la oligomerización del propileno y butilenos a partir de las cuales resultan α-olefinas ramificadas (C_6 - C_{12}) que luego por reacción con el gas de síntesis producen alcoholes que son esterificados con anhídrido ftálico y otros ácidos para producir plastificantes utilizados para la resina de PVC y producir artículos flexibles y blandos.

Estos tipos de alcoholes los produce en la Argentina YPF en su planta de Ensenada (Pcia. Buenos Aires). La capacidad es de 35.000 t/a de alcoholes de C_7 a C_{13}.

- *Aceites lubricantes y grasas sintéticas*

Se elaboran "aceites lubricantes sintéticos" que tienen alto rendimiento, hechos a base de poli-alfa-olefinas (PAO). Las alfa-olefinas son obtenidas por síntesis química a partir, generalmente, del etileno:

$$n\ CH_2{=}CH_2 + \text{catalizador} \rightarrow CH_3 - CH_2 \text{- ---- -} CH_2 - CH = CH_2$$

n de etileno alfa – olefina de 2n carbonos

Como se explicó anteriormente la denominación alfa se refiere a la posición que ocupa la doble ligadura (=), que corresponde al primer átomo de carbono de la cadena. La doble ligadura es reactiva y puede reaccionar con otra alfa–olefina para producir un dímero, trímero, etc. dando lugar a la formación de poli alfa-olefinas. Estas se pueden hidrogenar y producir de esta manera parafinas y ceras sintéticas químicamente puras, aptas para su uso como aceites y grasas lubricantes, dependiendo su viscosidad del largo de la cadena de carbonos obtenida.

La producción de lubricantes sintéticos comenzó en Alemania durante la Segunda Guerra Mundial impulsada por razones militares que requerían lubricantes especiales de alto rendimiento para la maquinaria bélica y también por la escasez de petróleo que tuvo ese país. Actualmente las empresas: MOBIL y GULF OIL lideran en los Estados Unidos la producción de las poli alfa-olefinas saturadas. Su precio es elevado y esto se justifica por el alto rendimiento que alcanzan en motores que así lo requieren. Los cambios de aceite en motores de automóviles de alto precio, que utilizan lubricantes sintéticos por su alto rendimiento, se realizan después de los 100.000 km.

4.3.2.-Alfa olefinas por deshidrogenación de normal parafinas y obtención del lineal alquil benceno (LAB).

En este caso no se utiliza el etileno sino un corte de n-parafinas obtenidas a partir de un corte de kerosén de base parafínica.

Se parte de un petróleo de base parafínica y se separa en la destilación atmosférica un corte similar al kerosén, el cuál debe ser tratado para separar las isoparafinas que pueda contener.

El siguiente cuadro muestra una composición típica de este corte de petróleos argentinos de base parafínica.

COMPOSICIÓN	% en peso
Parafinas normales de C_6 a C_{18}	35,21
Aromáticos	16,50
Isoparafinas	31,60
Cicloparafinas	15,65
Olefinas	1,00
Azufre	4000 (ppm)
Nitrógeno	27 (ppm)

Este corte con esa composición se trata con hidrógeno para eliminar azufre, nitrógeno, olefinas y otros elementos indeseables.

Luego la mezcla hidrotratada es separada de los restantes productos que no sean n-parafinas, utilizando para ello un tamiz molecular tipo "Molex" para obtener las n-parafinas con una pureza del 98,5 % en peso.

El tamiz molecular adsorbe selectivamente las n-parafinas separándolas de las iso-parafinas y demás hidrocarburos. Las parafinas normales son luego separadas del lecho adsorbente formado por una zeolita cristalina 5Å, con una corriente de desorbente formada por n-hexano o mezclas de hidrocarburos livianos, y obtenidas finalmente por destilación separándolas del desorbente que se recicla. El proceso opera en forma continua.

Luego las n-parafinas son deshidrogenadas utilizando platino como catalizador. La reacción es endotérmica y se realiza en fase vapor a 400 – 600 °C, se obtienen así las α-olefinas, con algo de diolefinas y n-parafinas no deshidrogenadas (proceso Pacol de UOP). Para obtener las α-olefinas lineales puras, la mezcla se trata en un reactor donde las diolefinas se convierten en una cantidad adicional de mono-olefinas y las parafinas no deshidrogenadas se separan luego por destilación.

El corte kerosén que se utiliza como materia prima se fracciona previamente de acuerdo con el destino final de las α-olefinas que se obtendrán, así para plastificantes se separa la fracción C_6 - C_{10}, para alquil benceno lineal la fracción C_{10} - C_{14} y para alcoholes utilizados para la fabricación de detergentes la fracción C_{13} a C_{18+}.

En la Argentina se producen α-olefinas por deshidrogenación de n-parafinas obtenidas a partir del corte de kerosén obtenido en la columna de topping de la refinería de YPF de Ensenada Pcia. Buenos Aires. Estas mono-olefinas lineales C_{10} - C_{14} se destinan a la alquilación del benceno para obtener LAB (lineal alquil benceno) que es la base de innumerables formulaciones para detergentes de todo tipo. La alquilación se realiza utilizando HF (ácido fluorhídrico) como catalizador. En la figura N° 21 se representa el proceso de obtención de LAB para una carga de kerosén de 300.000 t/a.

La planta de YPF de Ensenada tiene una capacidad de 48.000 t/a de LAB, utiliza el proceso de la UOP y proyecta una ampliación a 64.000 t/a. El consumo interno en el 2010 alcanzó las 33.248 t/a y se exportaron 17.300 t/a.

FIGURA Nº 21: ESQUEMA DE ELABORACION DEL LINEAL ALQUILBENCENO (LAB) EN YPF (ENSENADA PCIA. BS.AS.)

CAPACIDADES AL 31/12/2011

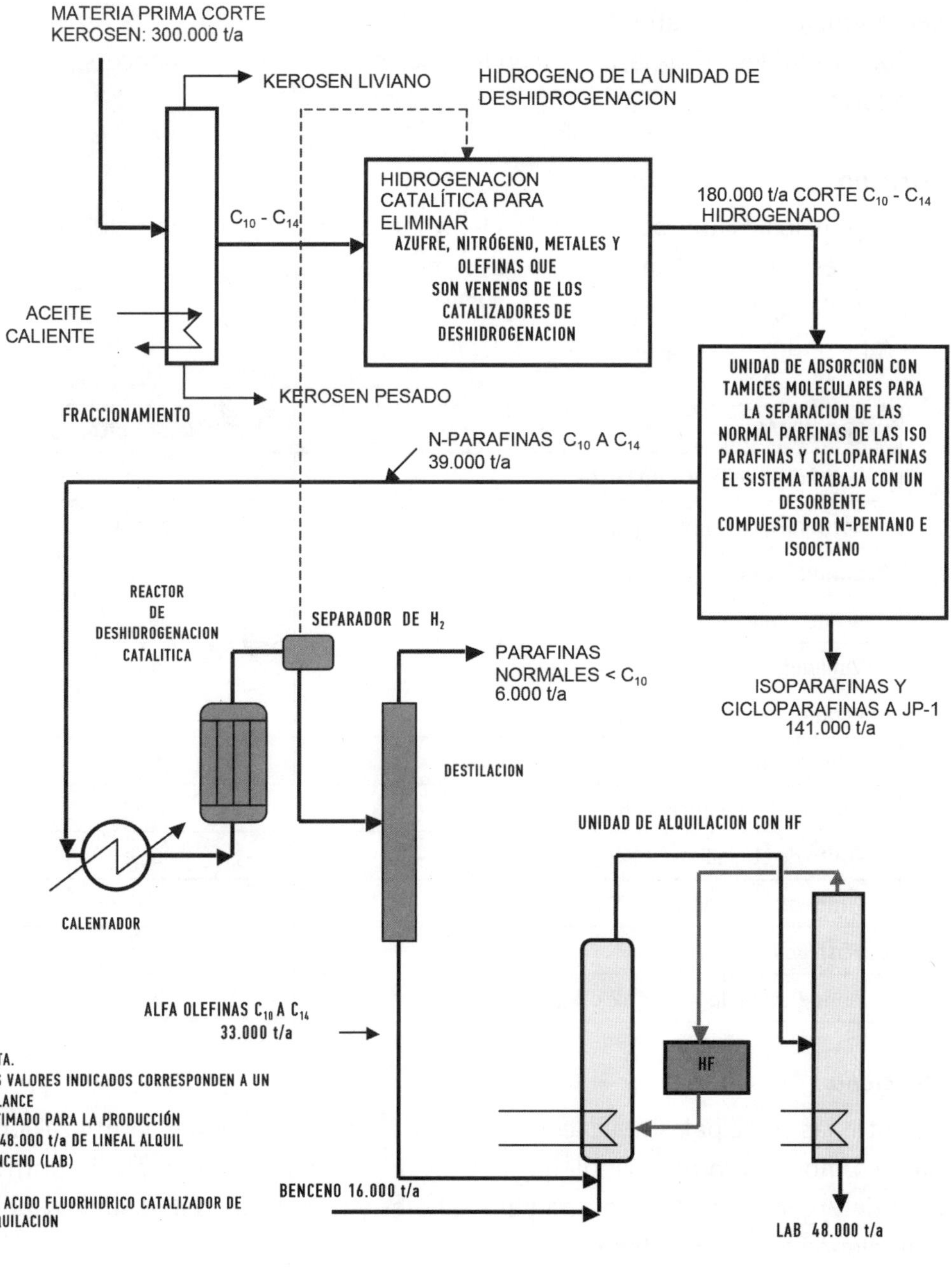

NOTA.
LOS VALORES INDICADOS CORRESPONDEN A UN BALANCE ESTIMADO PARA LA PRODUCCIÓN DE 48.000 t/a DE LINEAL ALQUIL BENCENO (LAB)

HF: ACIDO FLUORHIDRICO CATALIZADOR DE ALQUILACION

4.3.3.-Principales derivados de las alfa-olefinas

Las alfa olefinas superiores se encuentran en estado líquido hasta los compuestos de 20 átomos de carbono, a partir del cual son sólidos cerosos de aspecto similar a las parafinas.

Son insolubles en agua, pero si en líquidos no polares como benceno, éter o cloroformo.

- *Hexeno*

Las principales aplicaciones del 1-Heno son como co-monómero del polietileno, síntesis de oxo alcoholes, epóxidos, mercaptanos, etc.

Fórmula: C_6H_{12}

Propiedades físico-químicas:

PROPIEDAD	Valor típico
Contenido de $C_{<6}$ (% en peso)	0,01
Contenido de C_6 (% en peso)	99,99
Contenido de $C_{>6}$ (% en peso)	< 0,1
n-Alfa Olefinas (% en peso)	99,09
Vinilideno (% en peso)	0,30
Parafinas (% en peso)	0,15
Agua (ppm)	19,0
Gravedad específica (15,6°/15,6° C)	0,68
Punto de Ebullición (°C)	63,5
Punto de Solidificación (°C)	-138
Flash Point (°C)	-26
Temperatura de Autoignición (°C)	260

-1-Octeno.

Entre las principales aplicaciones del 1-Octeno se encuentra la utilización para co-monómero de polietileno, síntesis de alcoholes como materia prima para detergentes, materia prima para sabores y fragancias, alquil silanos, polialfaolefinas, plastificantes, etc.

Fórmula: C_8H_{16}

Propiedades físico-químicas:

PROPIEDAD	Valor típico
Contenido de C_8 (% en peso)	99,88
n-Alfa Olefinas (% en peso)	97,70
Vinilideno (% en peso)	1,80
Parafinas (% en peso)	0,20
Agua (ppm)	13,4
Gravedad específica (15,6°/15,6° C)	0,72
Punto de Ebullición (°C)	122,5
Punto de Solidificación (°C)	-104
Flash Point (°C)	12,8
Temperatura de Autoignición (°C)	221

-1-Deceno.

El 1-Deceno se utiliza en la obtención de polialfaolefinas, síntesis de sabores y fragancias, alcoholes grasos como plastificantes y materia prima para detergentes, entre otros usos.

Fórmula: $C_{10}H_{20}$

Propiedades físico-químicas:

PROPIEDAD	Valor típico
Contenido de C_{10} (% en peso)	99,00
n-Alfa Olefinas (% en peso)	96,40
Vinilideno (% en peso)	2,90
Parafinas (% en peso)	0,20
Agua (ppm)	56,60
Gravedad específica (15,6°/15,6° C)	0,75
Punto de Ebullición (°C)	171

Punto de Solidificación (°C)	-87
Flash Point (°C)	48,9
Temperatura de Autoignición (°C)	210

-1-Dodeceno.

Las alfaolefinas con un contenido de 12 a 18 átomos de carbonos constituyen una de las principales fuentes de materias primas para la elaboración de tensioactivos. En la actualidad la tendencia es que sean reemplazadas por materias primas renovables y entre ellas se puede citar los aceites vegetales ricos en ácidos grasos con un contenido de 12 a 18 átomos de carbono como los que se encuentran en los aceites de palma y coco. Entre otras aplicaciones del 1-dodeceno se encuentran la síntesis de polialfaolefinas, plastificantes, anhídrido alquenil succínico, entre otros.

Fórmula: $C_{12}H_{24}$

Propiedades físico-químicas:

PROPIEDAD	Valor típico
Contenido de C_{12} (% en peso)	98,92
n-Alfa Olefinas (% en peso)	95,30
Vinilideno (% en peso)	3,90
Parafinas (% en peso)	0,20
Agua (ppm)	70,4
Gravedad específica (15,6°/15,6° C)	0,76
Punto de Solidificación (°C)	-35,0
Flash Point (°C)	77,2
Temperatura de Autoignición (°C)	226

-1-Tetradeceno.

La principal aplicación del 1-tetradeceno es la obtención de alfa olefin sulfonatos (AOS) importante materia prima para la fabricación de detergentes.

Entre las numerosas aplicaciones se encuentran también la de síntesis de oxo alcoholes y anhídrido alquenil succínico. Se utiliza también para formular fluidos de perforación.

Fórmula: $C_{14}H_{28}$

Propiedades físico-químicas:

PROPIEDAD	Valor típico
Contenido de C_{14} (% en peso)	98,90
n-Alfa Olefinas (% en peso)	93,90
Vinilideno (% en peso)	5,0
Parafinas (% en peso)	0,20
Agua (ppm)	52,0
Gravedad específica (15,6°/15,6° C)	0,78
Punto de Solidificación (°C)	-12,8
Flash Point (°C)	107
Temperatura de Autoignición (°C)	235

-1-Hexadeceno.

El 1-hexadeceno tiene como principal aplicación la síntesis de alfa olefin sulfonatos (AOS) y anhídrido alquenil succínico. También se utiliza para fluidos de perforación, en la industria metalúrgica y en productos para el cuidado personal.

Fórmula: $C_{16}H_{32}$

Propiedades físico-químicas:

PROPIEDAD	Valor típico
Contenido de C_{16} (% en peso)	98,92
n-Alfa Olefinas (% en peso)	92,40
Vinilideno (% en peso)	6,30

Parafinas (% en peso)	0,25
Agua (ppm)	52,5
Gravedad específica (15,6°/15,6° C)	0,79
Punto de Solidificación (°C)	3,9
Flash Point (°C)	132
Temperatura de Autoignición (°C)	240

-1-Octadeceno.

El 1-octadeceno, al igual que el 1-hexadeceno se utiliza para la síntesis de materias primas para detergentes y productos para el cuidado personal y para la elaboración de fluidos para perforación y para la industria metalúrgica.

Fórmula: $C_{16}H_{32}$

Propiedades físico-químicas:

PROPIEDAD	Valor típico
Contenido de C_{16} (% en peso)	98,08
n-Alfa Olefinas (% en peso)	90,80
Vinilideno (% en peso)	7,50
Parafinas (% en peso)	0,25
Agua (ppm)	42,2
Gravedad específica (15,6°/15,6° C)	0,79
Punto de Solidificación (°C)	17,8
Flash Point (°C)	154
Temperatura de Autoignición (°C)	250

-Alfaolefinas $C_{20\text{-}24}$.

Estas alfa olefinas superiores son sólidas a temperatura ambiente y entre sus numerosas aplicaciones se encuentra la de aditivo para aceites lubricantes, componente de los fluidos de perforación y copolímero del anhídrido maleico.

No hay una fórmula definida ya que el corte $C_{20\text{-}24}$ es una mezcla de compuestos con diferente número de átomos de carbono.

Propiedades físico-químicas:

PROPIEDAD	Valor típico
Contenido de $C_{<18}$ (% en peso)	0,0
Contenido de C_{18} (% en peso)	1,50
Contenido de C_{20} (% en peso)	40,90
Contenido de C_{22} (% en peso)	34,90
Contenido de C_{24} (% en peso)	21,70
Contenido de C_{26} (% en peso)	0,95
Contenido de $C_{>18}$ (% en peso)	0,01
n-Alfa Olefinas (% en peso)	89,30
Vinilideno (% en peso)	8,0
Parafinas (% en peso)	0,3
Agua (ppm)	23,3
Gravedad específica (15,6°/15,6° C)	0,81
Flash Point (°C)	183
Punto de Fusión (°C)	35,6

-Alfaolefinas $C_{24\text{-}28}$

Este corte que contiene alfa olefinas de 24 a 28 átomos de carbono, se utiliza como aditivo para aceites lubricantes, fabricación de velas, productos de cuidado personal y en la industria plástica como lubricante para PVC y copolímero del anhídrido maleico.

Propiedades físico-químicas:

PROPIEDAD	Valor típico
Contenido de C_{22} (% en peso)	0,30
Contenido de $C_{24\text{-}28}$ (% en peso)	80,60
Contenido de C_{30+} (% en peso)	19,00
n-Alfa Olefinas (% en peso)	72,2
Agua (ppm)	
Gravedad específica (15,6°/15,6° C)	
Flash Point (°C)	
Punto de Fusión (°C)	

CAPÍTULO 5

MATERIAS PRIMAS RENOVABLES PARA LA PRODUCCIÓN DE OLEFINAS Y SUS DERIVADOS

5.1.-Fuentes renovables de Carbono e Hidrógeno.

Los recursos materiales utilizados hasta ahora para la producción de olefinas corresponden a la categoría de no renovables y son los mismos que se utilizan masivamente para la producción de energía: el gas natural, el petróleo y el carbón.

La demanda creciente de energía, el agotamiento paulatino de las reservas de hidrocarburos y el aumento consiguiente del precio del barril de petróleo, ha originado gran inquietud entre las empresas petroquímicas, que han comenzado a explorar recursos alternativos que permitan satisfacer, por lo menos en parte, la demanda de algunos de los productos que hoy se obtienen vía petroquímica.

Es así que aparecen opciones para utilizar principalmente productos renovables y sus desechos provenientes del reino vegetal como materias primas para alimentar las ahora llamadas "biorefinerías".

Uno de los principales fundamentos es que estas materias primas se producen continuamente y como consecuencia de la radiación solar que constituye una fuente permanente de energía primaria por excelencia.

Como es conocido el Sol envía energía radiante proveniente de la fusión de cuatro átomos de hidrógeno que se transforman en uno de helio:

$$4\,H \rightarrow He + \text{Energía}$$

$$m_H = 1{,}008 \times 4 = 4{,}032 = m_{He} = 4{,}003 + E$$

Donde $E = m.\,c^2$ (m representa la pérdida de masa igual a la diferencia de los pesos atómicos: 4,032 – 4,003= 0,029, c la velocidad de la luz y E la energía emitida equivalente a la pérdida de masa)

Esta reacción se lleva a cabo con la fusión de 400 millones de toneladas de hidrógeno por segundo que se produce a inconcebibles altas presiones y temperaturas, haciendo brillar el Sol con una emisión de energía de $3{,}8 \times 10^{26}$ watts y $1{,}75 \times 10^{17}$ de estos watts alcanzan la tierra. De esta energía la que llega a los continentes es de 25.000 TW(*) por año, que equivale aproximadamente a 2500 veces el consumo mundial de energía.

Según estimaciones realizadas por el "Center for Solar Energy and Hydrogen Research" de Alemania (1), una milésima parte de esta energía , es decir 25 TW podrían ser transformadas en electricidad, calor ó eventualmente en hidrógeno como transportador de energía.

En cualquiera de estas formas de energía esta cantidad de 25 TW es casi tres veces superior a la cantidad requerida a nivel mundial estimada para el año 2000.

De manera que también resulta lógico pensar que el hidrógeno, elemento que forma parte de las olefinas será posible obtenerlo del agua por electrólisis utilizando para ello la energía solar, además de su obtención para emplearlo como transportador de energía.

Esta energía solar conjuntamente con el anhídrido carbónico y el agua, también permiten la acumulación de energía bajo la forma de carbohidratos mediante la fotosíntesis.

---

* Un TW = 10^{12} watts

Efectivamente el consumo del CO_2 de la atmósfera es realizado por las sustancias vegetales que toman el CO_2, el cuál bajo la acción de la luz solar, en presencia del agua y de la clorofila producen compuestos orgánicos (fotosíntesis) que alimentan y hacen crecer al vegetal. La reacción química del CO_2 con el agua produce al final de un complejo sistema de reacciones intermedias hidratos de carbono y libera oxígeno:

$$6n\,CO_2 + 5n\,H_2O \xrightarrow[\text{(Clorofila + UV)}]{} --(C_6H_{10}O_5)_n- + 6n\,O_2\uparrow$$

Almidón

Esta reacción que se produce en presencia de la luz y transforma sustancias inorgánicas, como el agua y el CO_2 en otras mas complejas, solo la realizan los vegetales y ciertas bacterias que también toman el CO_2. Este proceso que resulta fundamental para la vida vegetal y consecuentemente para la vida animal, también permite cerrar el ciclo del carbono en la naturaleza con la formación a través del tiempo de los combustibles fósiles y su posterior combustión. (Ver Figura N° 22.)

Es en este ciclo que nos debemos insertar para obtener una fuente de carbono que es el elemento fundamental que compone las olefinas junto con el hidrógeno.

El hidrógeno si bien es el elemento mas abundante en el Universo, ya que éste está formado por 75% de hidrógeno, 23% de helio y el resto por elementos formados a partir del hidrógeno y el helio, no se encuentra libre en la Tierra. Originalmente debió existir, pero la atracción de la gravedad de la Tierra es muy débil para mantenerlo en la atmósfera y escapó al espacio.

El hidrógeno en combinación con el oxigeno forma el agua y con el carbono numerosos compuestos químicos como los carbohidratos, las proteínas y los lípidos, ocupando el décimo lugar como elemento mas abundante en la corteza terrestre. El 75% de la superficie terrestre está cubierta por agua de donde se lo puede extraer por varios métodos, uno de los cuales es la electrólisis, utilizando para ello la energía solar. (Ver Figura N° 23, Ciclo del Hidrógeno)

FIGURA Nº 22: CICLO DEL CARBONO EN LA NATURALEZA

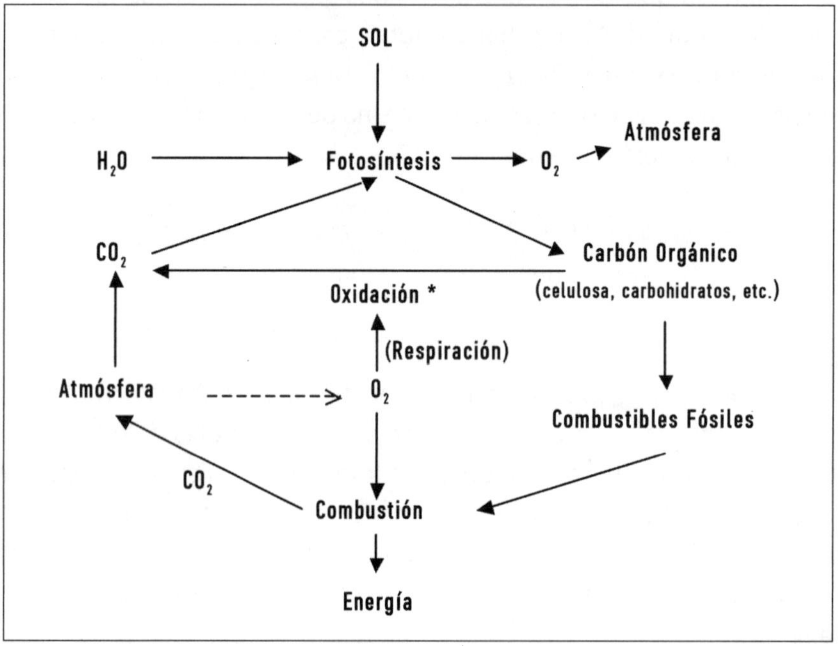

*Oxidación ó combustión orgánica se realiza en los organismos vivos, vegetales y animales para la producción de energía para la vida. Ver también referencia (2).

FIGURA Nº 23: CICLO DEL HIDRÓGENO

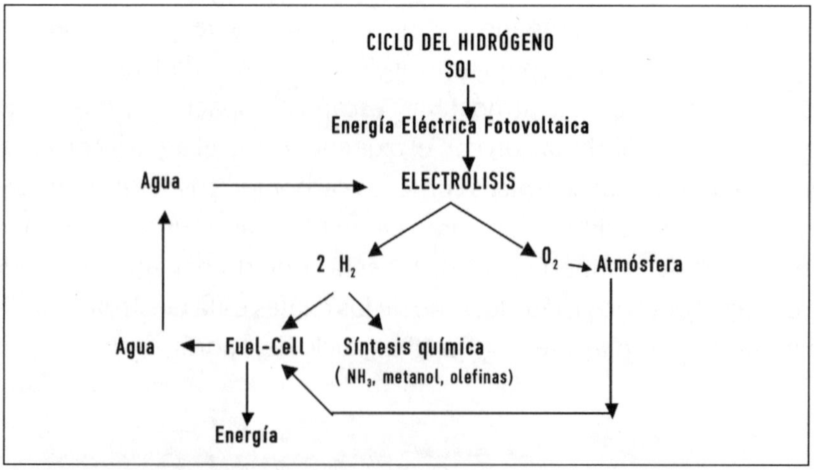

Nota. Las materias primas de este ciclo son el agua, el aire (N_2, O_2) y la energía solar.

5.2.-Los hidratos de carbono como materia prima para obtener olefinas.

Se nos plantea de esta manera, utilizar el carbono combinado con el hidrógeno por acción de la fotosíntesis como son los hidratos de carbono de los cuales la celulosa es la forma mas abundante en la naturaleza, ó bien utilizar el carbono orgánico y el hidrógeno del agua para realizar artificialmente combinaciones del C con el H_2 para producir olefinas.

Ambas alternativas ya se están utilizando, en el primer caso transformando los hidratos de carbono en material fermentable y produciendo luego alcohol por fermentación. El alcohol obtenido es deshidratado para producir etileno y luego sus derivados.

La segunda alternativa utiliza la carbonización de residuos vegetales en presencia de vapor de agua para obtener gas de síntesis, CO+H2 y luego a partir de este llegar a las olefinas a través del proceso Fischer-Tropsch ó produciendo metanol y luego a partir de este olefinas, con el proceso MTO (Methanol to Olefins) (3).

La primer alternativa para producir etileno ira progresando en la medida que el barril de petróleo siga aumentando de precio. También es importante considerar que en este caso las plantas de etileno requieren menos inversión de capital que las que utilizan etano o nafta como materia prima, situación que las hace más convenientes cuando se trata de capacidades no tan grandes.

También es importante que deben competir con el uso alternativo que tienen los cereales con su utilización como alimentos, situación que es menos comprometida en el caso de la caña de azúcar o de materias primas que no estén destinadas a la alimentación y puedan cosecharse en tierras que normalmente no son aptas para el cultivo.

Así por ejemplo una planta de 500.000 t/a de producción de etileno que consume 1,75 toneladas de alcohol por tonelada de etileno, requiere 875.000 t/a de alcohol que se obtienen a partir de 2.700.000 t/a de maíz ó bien si utilizamos caña de azúcar 12.680.000 t/a de caña.

La utilización de caña de azúcar tiene la ventaja de su utilización integral que permite un mayor rendimiento energético al quemar el bagazo para la producción de energía, la que en este caso se produce en exceso con respecto a las necesidades del proceso. Esta situación le permite exportar energía eléctrica a la red.

Efectivamente si comparamos la energía producida con relación a la energía utilizada por el proceso, tenemos que resulta más económico producir alcohol ó etileno de caña de azúcar que del maíz:

Para la caña de azúcar: Energía producida/Energía utilizada = 11,2

Para el maíz: Energía producida/Energía utilizada = 1,22

(Fuente: Net Emision for de Sugar Cane to Etanol Cycle.-C. & T. Brasil)

La energía producida comprende a la generada por el etanol producido más la energía que resulta como subproducto. (Ver la Figura N° 24: Balance energético de la combustión del bagazo).

En la siguiente tabla pueden observarse los rendimientos, agrícola y de alcohol para distintos tipos de cultivo:

RENDIMIENTOS DE CULTIVOS EN LA PRODUCCIÓN DE ALCOHOL

CULTIVO	RENDIMIENTO AGRÍCOLA ton/ ha	- RENDIMIENTO EN ALCOHOL litros etanol/ton	litros etanol/ha
Caña	120	84,5	10.140
Maíz	85	409	34.765
Yuca	29	182	5.278
Sorgo Dulce	50	140	7.000
Remolacha	60	200	12.000

Por fermentación de los hidratos de carbono se pueden obtener además del alcohol etílico otros productos químicos que hoy se obtienen por vía petroquímica.

El consumo que se pueda producir de hidratos de carbono para la producción de productos químicos no debería afectar la producción de alimentos de la manera que hoy se supone que sí la afectará la producción de biocombustibles. Se trata de volúmenes inferiores y muy posiblemente se utilizará otra fuente de hidratos de carbono que la proveniente de los cereales, como pueden ser cultivos que crecen en zonas áridas no aptas para la producción de alimentos, o bien la biomasa y los recursos forestales.

De los recursos forestales tenemos la lignocelulosa que está formada por lignina, hemicelulosa y celulosa en la siguiente proporción:

– Lignina 15-25 %
Formada por estructuras aromáticas, alto contenido de energía y resistencia a la conversión bioquímica.

– Hemicelulosa 23-32 %
Con xilosa (pentosa), que es la segunda azúcar mas abundante en la biosfera.
Polímero de 5 y 6 átomos de carbono.

– Celulosa 38-50 %
Es la forma mas abundante de carbono en la biosfera.
Polímero de glucosa. Buena materia prima bioquímica.

Los productos provenientes de los árboles, la madera, ramas y otros, junto con lor residuos agrícolas y la basura orgánica, constituyen la biomasa que es la materia prima que alimentará las biorefinerías,

La biorefinería es una planta que integra procesos de conversión de biomasa con equipos para producir energía y productos químicos.

FIGURA Nº 24: ESQUEMA BÁSICO DE LA COMBUSTIÓN DEL BAGAZO DE CAÑA

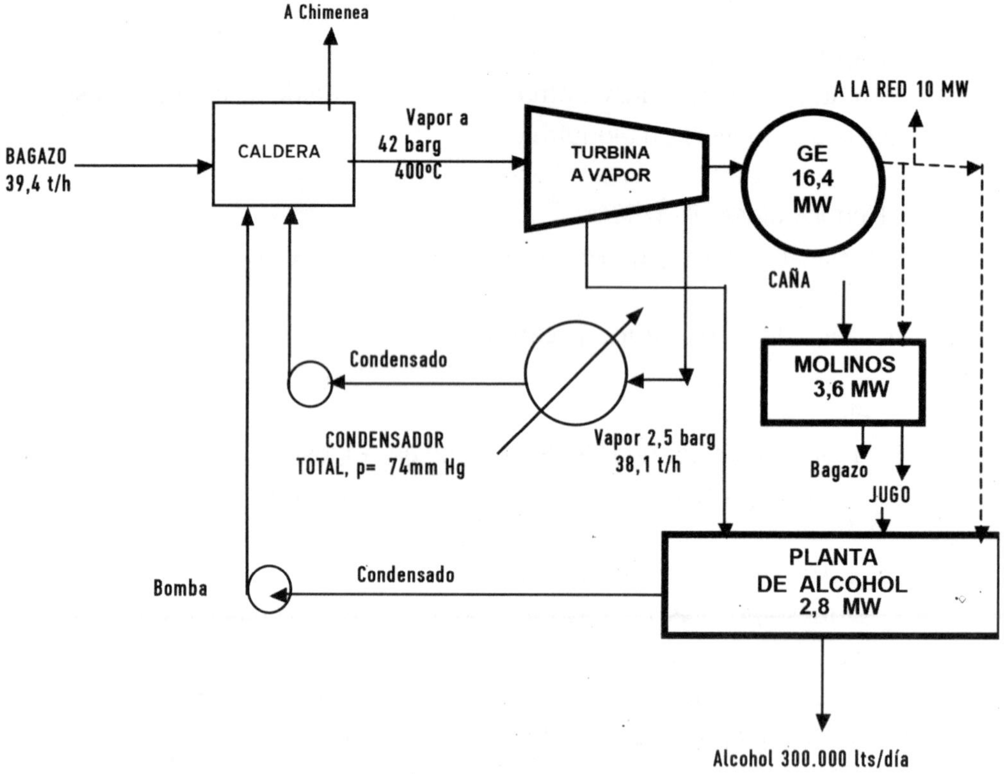

5.3.- Producción y utilización de la biomasa.

De los residuos agrícolas destinados a la formación de biomasa deberíamos excluir los rastrojos que se producen como consecuencia de la nueva tecnología de siembra directa. Esta materia orgánica formada principalmente por tallos cortados, hojas y otras partes del vegetal que quedan sobre la tierra después de la cosecha de granos, no se retira actualmente y al permanecer sobre la tierra la enriquecen de materia orgánica, sales disueltas y otros materiales que no solamente la fertilizan sino que también contribuyen a evitar la erosión de la tierra, todo lo cual favorece el rinde de los cultivos.

La biomasa forestal y agrícola es muy rica en material lignocelulósico el cual para ser fermentado debe ser hidrolizado para liberar los azúcares fermentables, etapa actualmente en estudio para mejorar los procesos existentes de manera que resulten mas económicos de realizar.

No obstante existen tres alternativas para la utilización de las biomasas en general y cada una de estas produce distintos tipos de materiales, como se describe a continuación:

1.- Transformación bioquímica de la biomasa.

Utiliza procesos fermentativos aeróbicos y anaeróbicos que dan como resultado productos químicos líquidos y gaseosos, que se pueden utilizar para la producción de energía y de productos químicos, estos últimos como un proceso alternativo a la vía petroquímica. Ejemplo: etanol, acetona, n-butanol, ácido propiónico, isopropanol etc., y también gaseosos, como el biogas compuesto por metano, CO_2, H_2, etc.

2.-Transformación térmica de la biomasa.

Esta se puede hacer en presencia ó ausencia de oxígeno.

En presencia de oxígeno solamente por combustión se obtiene: calor, gases producidos durante la combustión y cenizas. Este proceso se utiliza generalmente para producir energía eléctrica.

En ausencia de oxígeno tenemos la pirolisis, que descompone la materia orgánica bajo la acción del calor, sin la presencia de agentes oxidantes. Se obtiene carbón, una fracción líquida (alquitrán, alcoholes y ácidos) y una fracción gaseosa no condensable. Se denomina también destilación seca de la madera o de la biomasa, se utilizo para obtener alcohol metílico y ácido acético.

Como alternativa la gasificación por acción del calor bajo presión (con O_2 ó aire) en presencia de vapor de agua produce gases combustibles, $CO + H_2$ y cenizas. Para favorecer las reacciones que se esperan se suele empezar con una pirolisis y oxidaciones homogéneas y heterogéneas para fabricar carbono y los reactantes necesarios. El poder calorífico del gas de síntesis obtenido varía entre 3,5 y 6 MJ/Nm^3

(*) Varias tecnologías se han desarrollado para gasificar la biomasa y son del sistema del tipo de lecho fijo (en contra ó cocorriente), ó sistemas de lechos fluidificados (densos con circulación bajo presión).

(*) 1 MJ equivale a 238,8 kcal.

3.-La conversión Química.

Es la conversión de los productos generados en alguna de las transformaciones anteriores en otros productos mediante reacciones químicas. Por ejemplo el metano del biogas de la transformación bioquímica se puede transformar en gas de síntesis (CO_2+H_2) y luego en metanol o bien mediante la síntesis de Fischer-Trposch en hidrocarburos.

También el carbono generado se puede transformar en gas de síntesis y de ahí en mas en todos los derivados del C_1 (Ver Esquema FiguraN° 25).

Aquí nuevamente se plantea el problema de economías de escala, dado que la generación de gas de síntesis debe tener una capacidad para alimentar plantas de metanol de por lo menos 1000 t/d, lo que requiere importantes cantidades de generación de gas de síntesis.

Efectivamente si consideramos que 1 tonelada de metanol obtenida a partir de gas natural consume 7660 TCal/t, que equivalen a 824 Nm^3 de gas natural de 9300 kcal. ó 1430 Nm^3 de biogas con una composición promedio de:

Metano	60 %
CO_2	39 %
H_2, SH_2 y otros	1 %
Poder calorífico	5350 kcal/Nm^3

Para una planta pequeña de metanol de 1000 t/d se necesitan 1.430.000 Nm^3/d de biogas.

La producción de biogas producida por fermentación anaeróbica metanogénica de residuos orgánicos ha tenido gran impulso sobre todo en Europa y China, donde se han realizado grandes avances tecnológicos en los procesos con grandes reactores de 1000 m^3, con sofisticados avances en los controles y están conectados a equipos de cogeneración que brindan, calor, electricidad y un efluente residual sólido de alto contenido proteico utilizado como fertilizante ó alimento para animales.Solamente en Europa en 1975 se obtuvieron un total de 245 millones de m^3 de biogas provenientes de la generación producida en el tratamiento de líquidos cloacales.

FIGURA Nº 25: QUÍMICA DEL C_1

ESQUEMA GENERAL DE LA OBTENCIÓN DE DERIVADOS
A PARTIR DE RECURSOS RENOVABLES BIOMASA, BIOGAS Ó CARBON DE ORIGEN VEGETAL

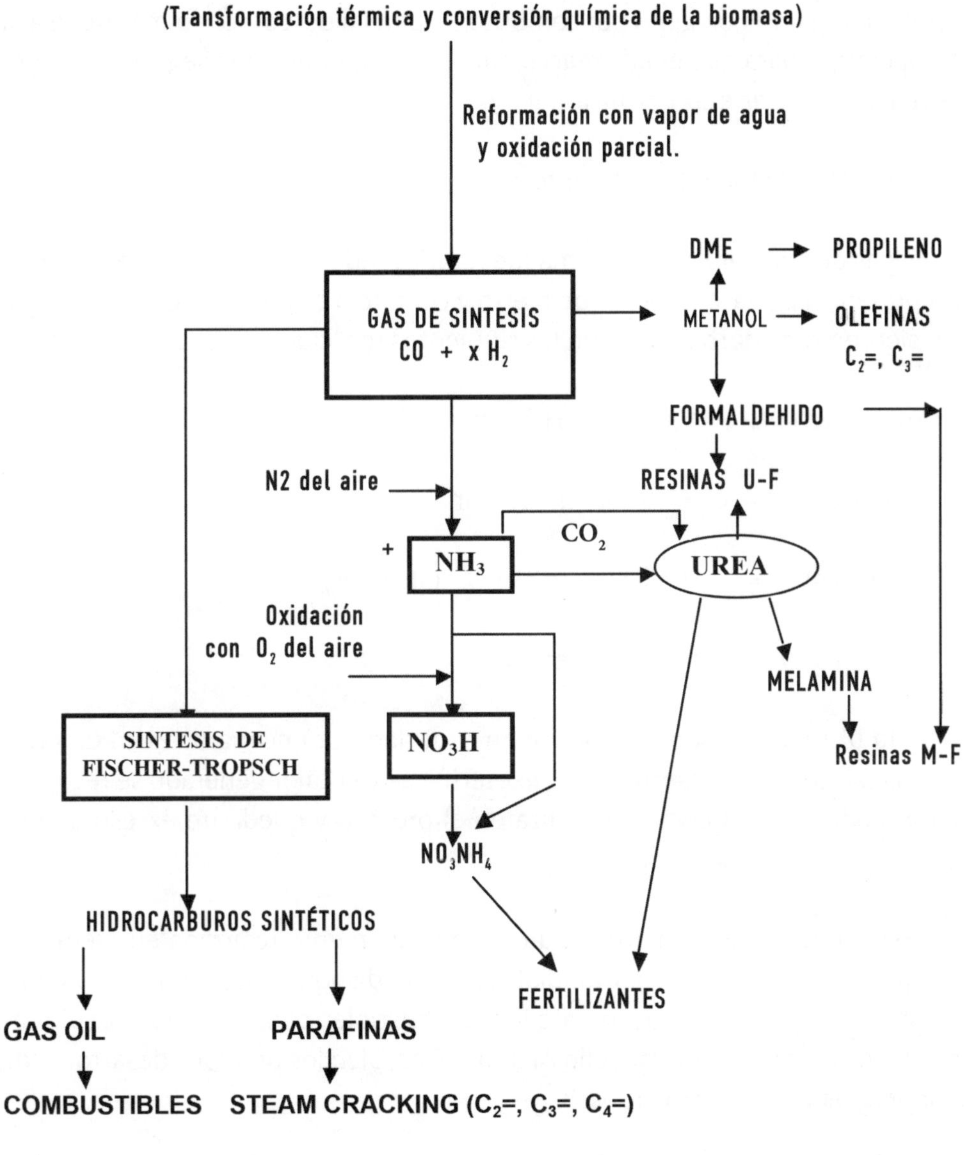

La conversión química más importante que actualmente se realiza para obtener a partir del carbón y del hidrógeno del agua, hidrocarburos y olefinas, se lleva a cabo en Sudáfrica por la empresa SASOL, que se basa en la aplicación de la síntesis de Fischer-Tropsch. En este caso solo se utiliza carbón mineral.

El proceso empleado por Sasol consiste en gasificar el carbón con vapor de agua y oxígeno. El oxígeno por combustión parcial del carbón lo mantiene a la temperatura para que pueda reaccionar con el vapor de agua según la siguiente reacción que es endotérmica:

$$C + H_2O = CO + H_2 \text{ (gas de síntesis)}$$

El gas de síntesis se transforma luego utilizando el proceso Fischer-Tropsch, en presencia de catalizadores de hierro y cobalto a 200°C/ 350°C y 200 bar de presión, en hidrocarburos según las siguientes reacciones:

$$nCO + (2n+1)H_2 = C_nH_{2n+2} + nH_2O \quad \text{(parafinas)}$$

$$nCO + 2nH_2 = C_nH_{2n} + nH_2O \quad \text{(olefinas)}$$

$$nCO + 2nH_2 = C_nH_{2n+1}OH + (n\text{-}1)H_2O \quad \text{(alcholes)}$$

$$CO + 3H_2 = CH_4 + H_2O \quad \text{(metano)}$$

Esta última reacción se produce en cantidad por encima de 400° C. Todas estas reacciones son fuertemente exotérmicas y el calor generado se recupera para producir energía que se utiliza en el proceso y queda un exceso que se exporta como energía eléctrica.

Esta síntesis de los hidrocarburos fue inicialmente realizada en Alemania durante la Segunda Guerra Mundial, que al no disponer de petróleo se vio impulsada a producir sintéticamente los combustibles para sus aviones, submarinos y naves de guerra. Para ello Alemania empleó los procesos desarrollados por Bergius y por Fischer-Tropsch.

Entre 1910 y 1925 Friedrich Bergius (1884-1949) realizó el desarrollo de la hidrogenación o liquefacción del carbón, con hidrógeno a presiones entre 200 y

700 Bar y a una temperatura de 450°C, utilizando un catalizador de óxido de hierro. El carbón molido se mezcla en un reactor con alquitrán (hidrocarburos aromáticos policíclicos) y el catalizador; por efecto de la temperatura se logra romper la unión C-C e introducir el hidrógeno.

Una década mas tarde, Franz Fischer (1877-1947) y Hans Tropsch en el "Kaiser Wilhelm Institute" de Alemania para la investigación sobre el carbón, desarrollaron un segundo proceso para la síntesis de combustibles líquidos a partir del carbón, conocido luego como síntesis de Fischer-Tropsch, abreviadamente (F-T).

La hidrogenación del carbón producía motonaftas y naftas de aviación de alta calidad, mientras que el F-T producía combustibles mas pesados, gas oil de buena calidad, parafinas y motonaftas de baja calidad.

La iniciativa de producir hidrocarburos sintéticos a partir del gas de síntesis por el proceso F-T fue retomada en la década de 1950, cuando el gobierno de Sudáfrica funda la compañía "South African Coal, Oil and Gas Corporation", conocida como SASOL que utiliza como materia prima el carbón de los importantes yacimientos sudafricanos.

La compañía SASOL comienza a operar su primer planta en 1955, comercializando combustibles y también productos químicos obtenidos como subproductos.

Durante la década de 1960 SASOL se transforma en un importante productor de materias primas para la industria química. En los años que siguen SASOL se amplía construyendo dos plantas, primero SASOL II y mas tarde SASOL III y perfecciona su tecnología llamada Synthol basada en la síntesis de Fischer-Tropsch.

Se desarrollan dos procesos con objetivos diferentes, uno es el "SASOL Advanced Synthol Technology"que realiza la conversión del gas de síntesis con el sistema de F-T, a una temperatura mas alta y el otro llamado "Slurry Phase Distillate Process" que se realiza a una temperatura mas baja.

La gasificación del carbón para producir el gas de síntesis se realiza a alta temperatura con una corriente de oxígeno y vapor de agua. El gas bruto obtenido se purifica eliminando sustancias alquitranosas y otros subproductos nitrogenados, sulfurados y fenólicos, de los cuales se obtiene coque, amoníaco, azufre, cresoles y fenoles. Para tener en cuenta la importancia del complejo industrial de SASOL basta recordar que procesa por año 50 millones de toneladas de carbón.

El proceso Advanced Synthol con conversión F-T a alta temperatura, produce un amplio espectro de hidrocarburos desde C_1 hasta C_{20}, de los cuales se fracciona C_1 como gas (CH4), etileno de la fracción C_2, propileno de la fracción C_3, una serie de alfa-olefinas del corte C_4-C_8 y el resto se envía al "pool" de combustibles" que es procesado por una refinería según los métodos tradicionales. Del efluente acuoso del reactor se separan productos oxigenados como alcoholes, ácido acético, acetona, MEK y MIBK.

El proceso Slurry Phase Distillate, con conversión F-T a baja temperatura produce en cambio hidrocarburos lineales que después de hidrotratados rinde un gas oil de excelente calidad con un número de cetano de 70 y sin contenido de azufre y también un excelente corte de kerosene, otro de nafta parafínica de bajo valor octánico y también parafinas sólidas. Este es el proceso mas conveniente para la producción de líquidos combustibles especialmente cuando se trata de obtener destilados medios a partir del gas natural.

La mayor disponibilidad de gas natural con respecto al de petróleo y la existencia de yacimientos de gas alejados de los centros de consumo, determinó que con la experiencia de SASOL, otras empresas como Shell, Mobil y Exxon desarrollaran tecnologías para sintetizar hidrocarburos a partir del gas natural en vez del carbón mineral aplicando la tecnología F-T.

En forma general estos nuevos procesos se denominan GTL (Gas to Liquids). El costo de estas instalaciones es elevado y muy sensible a las economías de escala, de manera que las capacidades mínimas de producción son del orden de los 50.000 a 70.000 barriles por día de hidrocarburos con una relación entre la producción de nafta parafínica + querosén y la de gas oil que varia entre 40:60 y 75:25. Al costo de inversión de la planta GTL debe agregarse además el de un "steam cracking" para obtener olefinas de la nafta parafínica.

Por esta razón parece difícil por razones económicas la viabilidad de producir olefinas por transformación térmica y conversión química de la biomasa por el proceso Fischer-Tropsch (F-T), a menos que se logre introducir una variante en estos procesos que parten del gas de síntesis para obtener directamente las olefinas sin pasar por los hidrocarburos líquidos. En este sentido resulta interesante recordar el proceso desarrollado por UOP-HYDRO, para transformar el metanol obtenido a partir del gas de síntesis en etileno y propileno, proceso llamado "methanol to olefins" (MTO). Este proceso fue desarrollado por UOP conjuntamente con la empresa Hydro de Noruega y resulta un camino para transformar el gas metano ó el carbón + agua, en etileno y propileno. Aunque también en este caso se hace necesaria la transformación de grandes cantidades de biomasa en biogas, como ya se explico anteriormente.

El aprovechamiento del biogas resulta atractivo también para la producción de fertilizantes y otros productos químicos como se ilustra en la Figura Nº 25 QUIMICA DEL C_1.

Una muestra importante sobre la diversificación de materias primas, además de la ya mencionada planta de SASOL, es la instalación en el interior de Mongolia (China) de la planta mas grande a nivel mundial para obtener 5500 t/día de metanol a partir del carbón mineral para ser transformadas íntegramente en olefinas por la compañía Shenhua Baotou Coal Chemical Co

La primer alternativa mencionada para la utilización de la biomasa que es su transformación bioquímica, resulta hasta ahora la que se presenta mas desarrollada, especialmente como materia prima para obtener por fermentación de los hidratos de carbono el etanol. El etanol es fácilmente transformado en etileno y esta es la olefina que nos permite a su vez obtener una gran cantidad de productos que hoy se obtienen por via petroquímica.

A tal efecto podemos mencionar que las dos materias primas mas utilizadas en la actualidad son:

- Maíz
- Caña de azúcar

Y a los efectos de no competir con los alimentos se están desarrollando tecnologías que transformen económicamente material celulósico en azúcares fermentables, que permitirán incorporar en el futuro la lignocelulosa proveniente de madera, pasturas (Switchgrass), algas, residuos agrícolas, etc.

Es decir que hay buenas posibilidades de expandir el suministro de biomasa para obtener etanol, que determinarán nuevas oportunidades. Especialmente merece citarse que países como Brasil, EEUU y Canadá están trabajando para desarrollar tecnologías que permitan hidrolizar la celulosa a glucosa por métodos que sean factibles de utilizar industrialmente en forma económica.

Merece citarse a Brasil donde la empresa Dow está instalando una planta de polietileno a partir de etileno de alcohol, con capacidad de 350.000 t/a de polietileno proceso DOWLEX, totalmente integrada con la producción de alcohol de caña de azúcar y energéticamente autosuficiente.

Ya vimos anteriormente que el alcohol de caña de azúcar utiliza para su producción, energía proveniente de la combustión del bagazo y que tiene un excedente importante de energía.

Además de la fermentación alcoholica debemos señalar que existen otras fermentaciones que a partir de las mismas materias primas azucaradas nos pueden suministrar otros productos químicos.

Según los microorganismos utilizados tenemos:

- Fermentación acetobutílica.

Este proceso fue utilizado en varios países, entre ellos la Argentina, que comenzó en la décadas de 1950 y 1960, a producir acetona, butanol y etanol por fermentación acetobutílica de mostos preparados a partir del maíz y también enriquecidos con melaza de la caña de azúcar.

Se utiliza el clostridium acetobutylicum que trabaja en condiciones anaeróbicas. Para una fermentación típica se obtienen a partir de 3 kg de almidón contenido en el maíz o azúcares equivalentes en la melaza, 1 kg de solventes mas otros productos en la siguiente proporción:

Butanol	0,6 kg	
Acetona	0,3 kg	
Etanol	0,1 kg	
$CO_2 + H_2$	1,5 kg	
Resíduo sólido	0,5 kg	(suplemento alimenticio rico riboflavina)

Los valores indicados referidos al contenido de almidón ó azucares, pueden variar según las condiciones operativas y la cepa de clostridium empleada.

Utilizando el clostridium butylicum se obtiene una mezcla de butanol e isopropanol, utilizando condiciones similares a la de la fermentación acetobutílica. La temperatura de fermentación es de 37°C para los mostos de maíz y de 30°C-35°C para las melazas, el proceso dura de 2 a 3 días.

Otros productos que se pueden obtener por fermentación de los hidratos de carbono, como alternativa a la ruta petroquímica son (4):

Acido acético: glucosa → ác. Acético (clostridium termoaceticum)
Acido adípico: n-hexano → ác. Adípico (pseudomonas species)
Acido acrílico: glucosa → ac. lactico → ac. Acrílico (1° lactobacillus bulgaris y 2° clostridium propionium)
Acido cítrico: glucosa → ac. Cítrico (aspergillus niger)
Acido láctico: glucosa → ac. Láctico (lactoballus bulgaris)
Acido 3-hidroxipropionico: glucosa → ác. 3-hp (*)
Acido propionico: glucosa → ac. propionico (propioni bacterium)
Acido succínico: glucosa → ac. succínico (escherichia coli AFP 111)
Glicerina: glucosa → glicerina (saccharomyces cerevisiae)
Propilen glicol: glicerina → propilen glicol (saccharomyces cerevisiae)

(*) Proceso fermentativo en desarrollo por Cargill- Ver tambien en Fuentes Bibliográficas (4) y (5).

A su vez cada uno de estos productos constituyen un punto de partida para la síntesis químicas de otros productos que actualmente se obtienen por algún otro proceso basado en materias primas petroquímicas. Es decir que podemos desarrollar un sistema de producción química basado en materias primas renovables.

Por ejemplo si consideramos al ácido láctico: $CH_3 - CHOH - COOH$ obtenido por fermentación de la glucosa, se ha desarrollado un proceso en el cuál este se condensa formando la lactida:

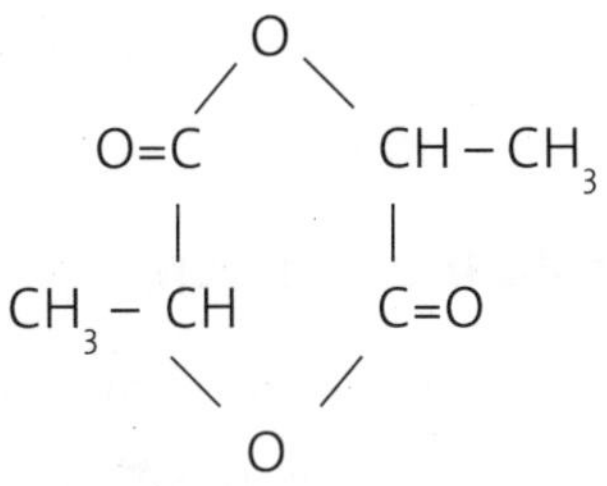

La lactida obtenida es purificada y luego se realiza su polimerización con apertura del anillo produciendo una polilactida (PLA).

La polilactida es un polímero termoplástico y el proceso de obtención fue desarrollado por Cargill-DOW basado en la utilización del maíz como materia prima. Existe ya una planta de 140.000 t/a que lo produce en los EEUU y es un polímero biocompatible que se lo utiliza con ventajas sobre otros polímeros convencionales, en la producción de film, fibras y envases para alimentos, tiene elevada resistencia al uso y es poco inflamable. Tiene también importantes aplicaciones en medicina. Además de DOW-Cargill, la PLA esta comenzando a ser producida por otras empresas europeas como BASF y también en Japón.

En reemplazo de otros solventes derivados del petróleo se desarrolla el lactato de etilo y se está ensayando, la obtención del propilen glicol y de otros derivados.

Igualmente interesante resulta la plataforma de desarrollo del ácido succínico ($CO.OH - CH_2 - CH_2 - CO.OH$), obtenido por fermentación y del cuál se están ensayando la preparación del tetrahidrofurano (THF), 1,4, butanediol (BDO), gamma-butirolactona (GBL), N-Metil pirrolidona y otros derivados.

La obtención del ácido 3-hidroxipropionico por fermentación de la glucosa nos abre el camino para la obtención del ácido acrílico, la acrilamida, el 1,3, propanodiol y el acrilonitrilo. Todos estos productos han sido obtenidos a nivel de laboratorio y resulta interesante destacar que el ácido 3-hidroxipropionico no es viable obtenerlo comercialmente utilizando derivados del petróleo como materia prima.

En el futuro la aplicación de técnicas sobre el ácido recombinante deoxiribonucleico (DNA) hará posible cepas resistentes a mayores concentraciones de los productos finales, solventes y ácidos, pudiendo obtener mayores rendimientos sobre los hidratos de carbono mejorando las posibilidades del empleo de estos procesos bioquímicos con relación a los que utilizan derivados del petróleo.

5.4.- Biorefinerias. Ejemplos de Integración.

La biorefinería es una combinación de producción de biocombustibles y de productos químicos obtenidos a partir de las mismas fuentes renovables de biomasa. Es decir en cierta manera es similar a lo que hoy se conoce como refinería petroquímica, donde a partir del petróleo crudo se obtienen combustibles, naftas, querosén, JP y gasoil, y productos petroquímicos como el etileno, propileno, butilenos y aromáticos.

El caso mas general contemplaría la producción de biogas, biocombustibles (etanol y biodiesel) y productos químicos como se ilustra a continuación, donde se combina la utilización de diferentes fuentes de materias primas: (Figura N° 26)

FIGURA N° 26: BIOREFINERIA

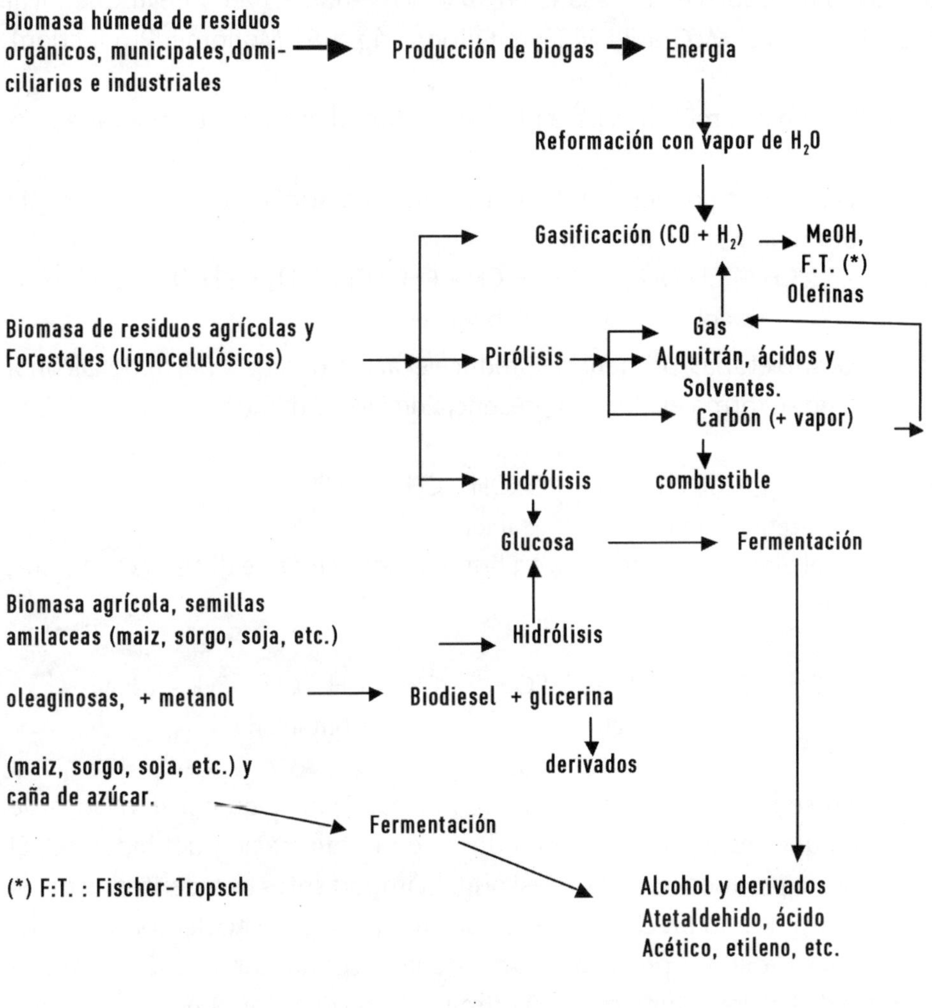

Hemos visto anteriormente que a partir del gas de síntesis se puede obtener una serie de productos como se indica en la Figura N° 25 y en especial el metanol a partir del cuál se han desarrollado varios métodos para obtener olefinas, etileno y propileno.

Por ahora a partir del bioetanol se produce, además del etileno y el polietileno (DOW en Brasil con el proceso Dowlex), el acetaldehído y el ácido acético, el acetato de etilo y el anhídrido acético (ATANOR en Argentina). Potencialmente podría fabricarse también el butadieno para hacer caucho sintético, según procesos ya utilizados en el pasado en Rusia y Alemania. (Ver Shreve"Chemical Process Industries" McGraw-Hill Third Edition pág. 716 - Monomer Production).

Se utilizaron dos métodos para producir el butadieno a partir de etanol:

1) Directamente por deshidratación del etanol a 400°C-500°C en presencia de alúmina y óxido de cinc:

$$\underset{\text{Etanol}}{2\,CH_3-CH_2OH} \rightarrow \underset{\text{butadieno}}{CH_2=CH-CH=CH_2} + H_2 + 2\,H_2O$$

2) En cuatro etapas, primero se produce el acetaldehido a partir del alcohol y luego se forma el aldol en presencia de álcalis diluidos:

$$\underset{\text{acetaldehido}}{2\,CH_3-CHO} \rightarrow \underset{\text{aldol}}{CH_3-CHOH-CH_2-CHO}$$

Luego el aldol se hidrogena a 1,3 butilenglicol y este se deshidrata a butadieno:

$$\underset{\text{1,3 butilenglicol}}{CH_3-CHOH-CH_2-CH_2OH} \rightarrow \underset{\text{butadieno}}{CH_2=CH-CH=CH_2} + 2\,H_2O$$

También se han desarrollado nuevos procesos para obtener derivados de la glicerina que resulta como subproducto en la fabricación del biodiesel. El aumento de la producción de biodiesl origina importantes excedentes de glicerina disminuyendo su precio y por ende su crédito en el costo del combustible.

Solvay desarrolló un proceso a partir de la glicerina, con el cuál producirá 10.000 t/a de epiclorhidrina materia prima que con el bisfenol-A se utiliza para la producción de resinas epoxi. También se emplea como refuerzo en productos de papel y la purificación de aguas. El proceso denominado Epicerol sustituirá al propileno en el sistema convencional de fabricación de epiclorhidrina. Este proceso reduce la producción de subproductos clorados y el consumo de agua, comparado con el tradicional que utiliza propileno y cloro en mayor cantidad.

El proceso de Solvay llamado Epicerol utiliza ácido clorhídrico gaseoso. No se conocen detalles del mismo, pero podemos asumir que se produce según las siguientes reacciones conocidas de la química orgánica:

$$CH_2OH-CHOH-CH_2OH + 2\,ClH \rightarrow CH_2Cl-CHOH-CH_2Cl + 2H_2O$$

Glicerina — ácido Clorhídrico — diclorhidrina de la glicerina

```
                                              O
                                             / \
CH2Cl - CHOH - CH2Cl  +  NaOH  ->  CH2  -  CH  -  CH2Cl + NaCl + H2O
```

$$CH_2Cl-CHOH-CH_2Cl + NaOH \rightarrow CH_2\text{ - }CH\text{ - }CH_2Cl + NaCl + H_2O$$

Diclorhidrina de la glicerina — hidróxido de sodio — epiclorhidrina

Otros productos que se prevé su producción a partir de la glicerina son (6):

- Propilenglicol, en los próximos 5 años.
- Oxido de propileno, en los próximos 15 años.
- Surfactantes, en los próximos 10 años.
- Solventes oxigenados, en los próximos 10 años.

De los aceites de las semillas oleaginosas, además de la producción de combustible y glicerina, existen otras posibilidades en desarrollo como son:

- Polioles, en los próximos 5 años.
- alfa olefinas, 1-deceno, 1-octeno, y otras alfa olefinas en los próximos 15 años.
- Plastificantes, en desarrollo actual
- Poliamidas 11,12, en desarrollo.

De las semillas amilaceas y de la caña de azúcar, la producción más importante es actualmente el etanol, principalmente destinado al uso como combustible y en menor grado a la producción de etileno/polietileno. Pero además la fermentación alcóholica de la glucosa ó del azúcar de caña, existen otros procesos fermentativos que nos puede brindar una serie de productos muy interesantes como ya se describió anteriormente. En especial se destaca recientemente la producción de butanol que se presenta como un futuro combustible fácil de mezclar con otros hidrocarburos, con algunas ventajas sobre el etanol.

Dada la diversidad de productos que se pueden obtener de recursos renovables a los cuales hemos hecho referencia no nos debe extrañar que en la medida que la escasez de hidrocarburos se haga cada vez más pronunciada, aparezcan nuevos proyectos basados en esta clase de materias primas.

5.5.- Producción de Biogas.

La producción de biogas reviste gran importancia ya que permite insertarnos en el ciclo del carbono mediante el aprovechamiento de grandes cantidades residuales de materia orgánica que constituyen actualmente un serio problema de contaminación.

La materia orgánica proveniente de los residuos domiciliarios, industriales o de tareas agropecuarias contienen: agua, lípidos, carbohidratos, proteínas, celulosa, etc. la cuál puede ser tratada en plantas de digestión microbiana, que la convierten en gas con un contenido de metano que oscila alrededor del 60% y en un material residual no tóxico apto para su utilización en los suelos como enmienda orgánica, dado que estabilizado no presenta olor y tiene características similares al humus, con un contenido importante de nitrógeno, fósforo y potasio, que suman en total alrededor del 10% sobre base seca.

La digestión anaeróbica es un proceso natural que corresponde al ciclo anaerobio del carbono, por el cual un grupo de bacterias en forma combinada y en ausencia total del oxígeno puedan utilizar la materia orgánica para alimentarse y reproducirse como cualquier especie viva que existe en los diferentes ecosistemas.

Cuando se acumula materia orgánica en un ambiente acuático, los microorganismos aerobios actúan primero tratando de alimentarse para lo cual consumen todo el oxígeno disuelto que pueda existir. Luego de esta etapa inicial se dan las condiciones para que comiencen a actuar los microorganismos anaerobios consumiendo también la materia orgánica disponible y generando gran cantidad de metano y anhídrido carbónico, fermentación metanogénica, acompañado de trazas de nitrógeno, hidrógeno y ácido sulfhídrico.

El proceso en su conjunto es el resultado de la acción combinada de bacterias, protozoarios y hongos, de manera tal que los productos del metabolismo de algunos microorganismos son utilizados por otros en una complementación que permite el pleno desarrollo de la digestión.

En el siguiente esquema se muestra el proceso de la digestión con producción de biogas a partir de materia orgánica compleja (carbohidratos, lípidos, proteinas). Ver también Fuente Bibliográfica (4):

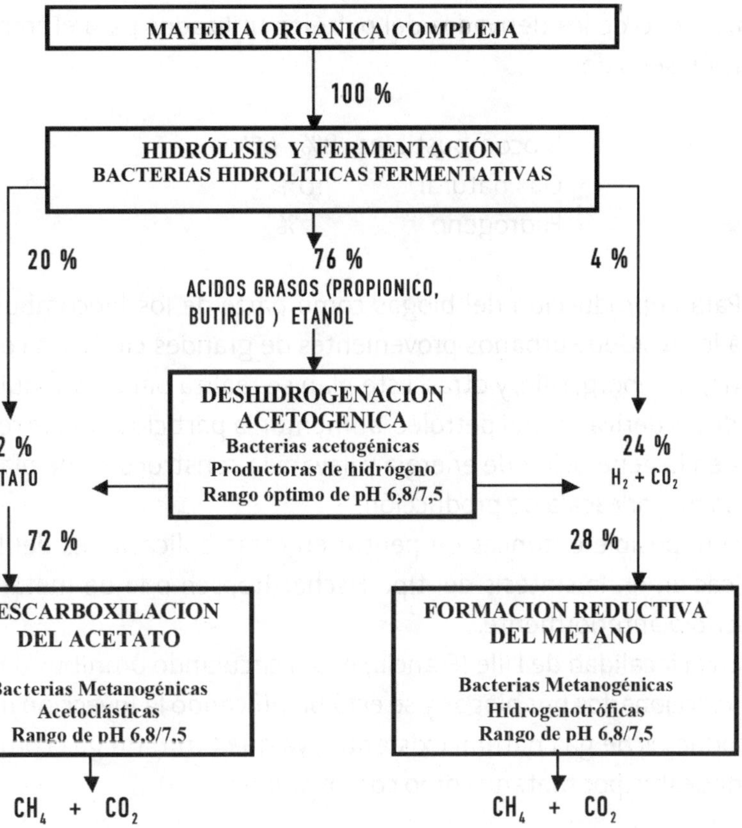

La producción de biogas se ha realizado hasta ahora mas bien en escala reducida correspondiente al aprovechamiento de residuos provenientes de explotaciones agropecuarias, granjas, criaderos, tambos, cultivos, etc., que permite a su vez la eliminación y evacuación de residuos indeseables generados en estas instalaciones. Los digestores utilizados con este propósito pueden verse en detalle en el libro citado en Fuentes Bibliográaficas (7) de los Ingenieros Groppelli y Giampaoli : El Camino de la Biodigestión.

Existen numerosas instalaciones de este tipo en todos los paises de Europa y han comenzado a instalarse también en nuestro país. En todos estos casos el biogas generado se lo utiliza para calefacción ó generación de energía eléctrica.

Más recientemente ha comenzado la producción de biogas para el transporte automotor. En Europa se ha fijado alcanzar una sustitución del 20% para el año 2020 de los derivados del petróleo utilizados para el transporte: La sustitución sería de:

Biocombustibles	8% - 6%
Gas natural	10%
Hidrógeno	2%

Para la producción del biogas como parte de los biocombustibles se utilizará los residuos urbanos provenientes de grandes ciudades como Estocolmo, Roma, Goteborg, Lille, y otras. Este plan se realiza para disminuir la dependencia de los derivados del petróleo, aumentar la participación de recursos renovables en la generación de energia y llevará la construcción de plantas de biogas a una mayor escala de producción.

Será posible entonces en pensar en otras aplicaciones del biogas para su aplicación en la síntesis del tipo Fischer-Tropsch o la de metanol como ya se describió anteriormente.

En la localidad de Lille (Francia) están circulando ómnibus de transporte urbano accionados por biogas y se está planificando la inyección de biogas en los gasoductos de gas natural existentes, ya que tanto un gas como el otro están compuestos por metano como combustible.

En nuestro país, en la Ciudad de Buenos Aires se recolectan 6000 t/d de basura domiciliaria, o sea 2.160.000 t/año. Además la limpieza de calles y de bocas de tormenta agrega 0,75 kg por día y por habitante, es decir aproximadamente otro millón y medio de toneladas, que hace un total de 3,78 MM de toneladas por año, de las cuales solo el 40% es material orgánico húmedo y el resto diversos materiales como plásticos, metales, vidrios, pañales descartables, cartones y papeles, etc. (8)

La separación del material orgánico del resto de la basura constituye un problema complejo, cuya solución permitiría realizar una biodigestión con el agregado tal vez de los líquidos cloacales para la producción de biogas en cantidades importantes que teóricamente podría llegar a 1012 MM de Nm3/año de metano que representa el 1,9 % del gas natural consumido actualmente en todo el país.

En los rellenos sanitarios realizados actualmente por CEAMSE (Coordinación Ecológica del Area Metropolitana Sociedad del Estado) se produce metano por biodigestión de la basura enterrada, el cuál es recolectado por cañerías enterradas en el relleno y conducidos para ser quemados ó utilizado "in situ" por las instalaciones del CEAMSE.

Existe entonces pensando en el futuro y ante la disminución de recursos no renovables, analizar y estudiar la producción de biogas a semejanza de lo que ya se está realizando en otros países.

Un proyecto de esta naturaleza crea además la oportunidad de recuperar y reciclar otros materiales que se encuentran en la basura formando partes de envases y de diversos dispositivos hoy desechados.

5.6.-Sustentabilidad de la producción de Olefinas.-

Por todo lo visto anteriormente se puede decir que existen, sin lugar a dudas, materias primas renovables de las cuales es posible obtener olefinas y sus productos derivados. Lo que no podemos afirmar es que la disponibilidad de estas materias primas, en cuanto a cantidad y frecuencia de suministro se refiere, sea suficiente para reemplazar las actuales fuentes de provisión.

Para extender y comprender el significado de las limitaciones que puedan existir, consideramos conveniente realizar algunas reflexiones al respecto.

En primer lugar este problema esta comprendido en uno mas general como es el que se irá a producir con el agotamiento paulatino de los yacimientos de hidrocarburos y por ende con la fuente actual mas importante del suministro de energía. Esta situación también demandará suministros alternativas como son los de origen vegetal, que pueden brindar combustibles como el biogas, el alcohol y el biodiesel. Adicionalmente se incrementará la demanda de alimentos debido al crecimiento de la población mundial, dificultando la posibilidad de utilizar todos aquellos derivados de la actividad agropecuaria que sean destinados para el consumo humano.

Dentro de este complejo sistema de recursos renovables y de la creciente contaminación del medio ambiente, aparece la energía solar como la única que presenta las mayores posibilidades de resolver paulatinamente el déficit energético, acompañada por la hidráulica, la geotérmica, la eólica y la mareomotriz, originada éstas últimas por la atracción gravitatoria del Sol y la Luna sobre las grandes masas de agua que forman los mares.

La energía eléctrica generada por algunas de estas fuentes renovables puede aplicarse para la generación de hidrógeno por electrólisis del agua y con este a su vez producir amoníaco, nitrato de amonio y urea, productos que son necesarios para fertilizar el suelo.

Para la producción de urea puede utilizarse a su vez el CO_2 generado en la fermentación alcohólica. Toda esta producción sin dejar de pensar en el hidrógeno como un importante vector energético.

Como ejemplo de estas posibilidades se ilustra a continuación en la Figura N° 27) uno de los tantos esquemas de producción que se pueden imaginar para el suministro futuro de productos que actualmente son obtenidos mediante procesos petroquímicos.

ESQUEMA DE PRODUCCIÓN COMBINADA DE ETILENO Y UREA A PARTIR DE MAIZ Ó CAÑA DE AZÚCAR

FIGURA N° 27

CAPACIDADES ANUALES: 1.000.000 T/ETILENO Y 2.100.000 T/UREA

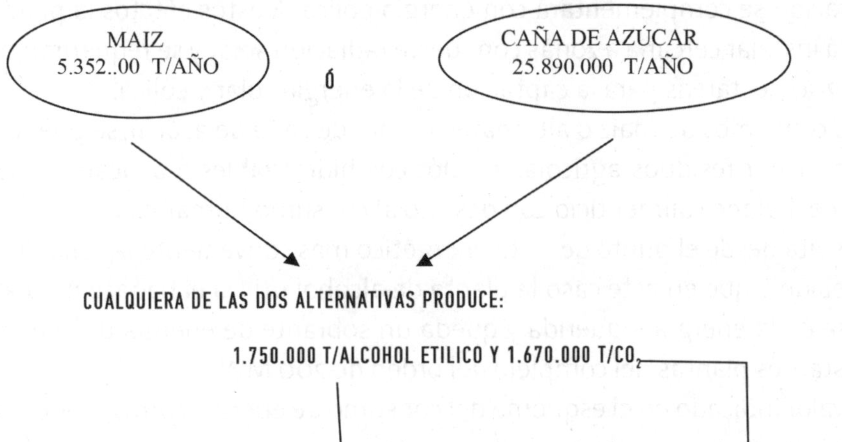

La planta de generación de H_2 por electrólisis estaria formada por un conjunto de 370 celdas que generan cada una 800 Nm^3 de H_2 por hora, con un consumo de energía del orden de 3 a 3,5 kwh/Nm^3 de H_2.

Es decir que se requieren unos 1.036 Mw para la producción requerida de 297.000 Nm^3 H_2/h para obtener las 2.100.000 t/año de urea.

La generación de energía a los efectos de no consumir combustibles fósiles, se realizará utilizando energía solar con captación mejorada mediante la utilización de antenas de nanotubos de carbono y celdas fotovoltaicas. Se supone que estos sistemas estarían operativos para dentro de 10 años. El sistema de generación se complementará con energía eólica. A estos efectos la planta se deberá instalar cercana a zonas con fuerte radiación solar y se requerirán entre 100 y 200 hectáreas para la captación de la energía solar y eólica.

Los consumos de maíz o alternativamente de caña de azúcar, se pueden reemplazar por residuos agrícolas celulósicos hidrolizables a azúcares para no alterar el balance alimenticio con destino al consumo humano.

Resulta desde el punto de vista energético mas conveniente la caña de azúcar, debido a que en este caso la planta de alcohol utiliza el bagazo para abastecerse de la energía requerida y queda un sobrante de energía utilizable por las restantes plantas del complejo del orden de 200 MW.

El valor indicado en el esquema del consumo de energía corresponde únicamente a la requerida para producir la materia prima hidrógeno y no incluye la energía necesaria para producir etileno, amoníaco y urea.

Las dificultades de estas alternativas surgen cuando hablamos de mayores cantidades. Por ejemplo, sí quisiéramos abastecer el consumo mundial de etileno petroquímico estimado en 100 millones de toneladas por etileno obtenido de alcohol de maíz tendríamos que utilizar 535 millones de toneladas. Esta cantidad cercana a la producción mundial es imposible de obtener ya que el mercado mundial de maíz para la campaña 2010/11 se estima que presentará un déficit entre la producción de 822 MM de toneladas y la demanda de 826 MM de toneladas de maíz.

Este déficit se origina fundamentalmente por la mayor demanda de los Estados Unidos para la producción de etanol para combustible. En el año 2010 ya están operando en los Estados Unidos 100 plantas productoras de etanol a partir de maíz, que demandarán en el 2011 120 MM de toneladas.

Esta situación se agravará con la demanda de los países asiáticos, especialmente China, que están comenzando a ser importadores cada vez más importantes.

Puede observarse que el etanol para obtener etileno a partir de biomasa formada a partir de productos que también se destinan a la alimentación, es un objetivo que se presenta como también sucede con las energías renovables obtenidas del alcohol o del biodiesel, en una alternativa con una participación muy limitada.

REFERENCIAS BIBLIOGRÁFICAS

(1)Fuente: "Solar Hydrogen- Energy Carrier for the Future. Brochure prepared for ACHEMA exhibition (1991/1994) by the German Aerospace Research Establishment (ZSW) and the Ministry of Economic Affairs and Technology from Baden-Württemberg – (FRG)

(2) The Chemistry and Technology of Petroleum. 2nd. Edition – by James G. Speight- Editorial Dekker- USA.

(3) MTO (Methanhol to Olefins) Proceso desarrollado por UOP de los Estados Unidos conjuntamente con HYDRO de Noruega. Permite ir del metano a través del metanol a la producción de etileno y propileno, con limitada cantidad de subproductos y con una conversión del metanol en oleínas del 99,8 %.

(4) Fuente:"Biochemical Engineering Fundamentals" de James E. Baily y David F. Ollis McGraw-Hill Book Co.

(5) Fuente: "Industrial Bioproducts: Today and Tomorrow" Informe preparado por Energetics Incorporated, Columbia, Maryland, USA july 2003. Authors: Mark Paster, Joan L. Pellegrino and Tracy M. Carole

(6)Fuente: APLA 2007. Renewables Feedstocks, Conferencia de Diego González, Director de Hydrocarbons and Energy Business, de Dow Latin América.

(7) Fuente: "Ambiente y Tecnología Socialmente Apropiada. El Camino de la Biodigestión", Autores; Ing. Químico Eduardo S. Groppelli y Ing. Químico Orlando A. Giampaoli. Publicación de la U.N.L.Santa Fe, R. Argentina, 2001.

(8) Fuente CEAMSE/ La Ciudad; Estudio del CEAMSE en la ciudad de Buenos Aires. Por Sandra Comiso.(Redacción del diario CLARIN).

ANEXO I

CALOR DE REACCIÓN Y ENERGÍA TOTAL REQUERIDA POR UNA PLANTA DE ETILENO

El consumo total neto de energía de una planta de etileno varía con la materia prima utilizada. Los siguientes valores en millones de kilo calorías por tonelada de etileno producido, incluyen el consumo de combustible para los hornos, el balance de la importación y exportación de vapor y de la energía eléctrica. Los datos corresponden a la energía utilizada dentro de los límites de batería de la planta.

Materia prima utilizada	MM kcal. por tonelada de etileno. (*)
Etano	3,3
Propano	3,5 (**)
Butano	3,5 (**)
Nafta	5,0

(*)Fuente; ABB Lummus Global - Ethylene Plants/Hydrocarbon Processing March 2003.

(**) Estimado.

La diferencia entre la energía neta suministrada y la energía utilizada por la reacción endotérmica del craqueo es la energía utilizada en el proceso de separación y purificación del etileno como energía eléctrica ó como vapor mas las pérdidas de calor no recuperado de los hornos de craqueo.

El calor de la reacción endotérmica de craqueo se puede calcular teóricamente conociendo los calores de formación de los compuestos que componen la alimentación y la de los compuestos resultantes del craqueo por la siguiente ecuación:

$$(\Delta H)_{crack} = \sum (\Delta Hf)_{productos} - \sum (\Delta Hf)_{alimentación} \quad (1)$$

Donde ΔHf son los calores de formación a la temperatura que se realiza el craqueo de los productos y de la alimentación respectivamente y (ΔH) el calor requerido por la reacción de craqueo.

Este calor ΔH para la reacción varia aproximadamente entre un 75% para el cracking de etano a un 40% para el cracking de gasoil del calor suministrado en la zona radiante del horno de pirólisis. Resulta pues muy importante conocer ΔH para el diseño del horno.

A continuación aplicando la ecuación (1) y con los valores de los calores de formación publicados por F. D. Rossini en: "Selected Values of Physical and Termodynamic Properties of Hydrocarbons and Related Compounds –API Research Project 44 Carnegie Press – 1953", se realiza como ejemplo de cálculo una estimación del calor de reacción del craqueo del etano, utilizando los datos de ΔHf de los productos del cracking y de la alimentación correspondientes a la temperatura de cracking de 825 °C (1420ª F).

Se utilizó para los productos del craqueo la composición final con reciclo del etano que se detalla mas abajo y para la alimentación el etano al 98%.

Cálculo de
∑(ΔHf).

Productos de la reacción	**%**	**ΔHf Btu/lb**	**ΔHf Btu/lb alimentación**
Hidrógeno	6	0	0
Metano	8	-2429,2	-194,34
Etileno	80	+ 578,8	+ 453,04
Propileno	2	- 7,7	- 0,15
Butadieno	2	+ 752,8	+15,06
Fracción C4´s	1	- 279,4	- 2,79
Gasolina C5 +	1	- 290,0	-2,90
TOTAL	100		
∑ (Δf) productos por kg de alimentación			+ 267,91

$\sum(\Delta f)$			
Alimentación			
Metano	1	- 2429,2	- 24,29
Etano	98	- 1526,5	- 1495,97
Propano	1	- 1269,2	- 12,69
TOTAL	100		
$\sum(\Delta Hf)$ alimentación por kg de alimentación			- 1532,95

ΔH (calor de reacción) = + 267,91 - (-1532,95) = + 1800,86 Btu/lb de alimentación, equivalente a 1001,8 kcal/kg de alimentación

Por kg de etileno producido: 1001,8 /0,80 = +1252 kcal / kg de etileno

Por kgmol de etileno 1252 x 28 = + 35.056 kcal/kgmol de etileno.

Este valor resulta superior a otros publicados de 32.000 kcal / kmol de etileno. Debe notarse que el valor de ΔH varia con la temperatura, así realizando el cálculo con los valores publicados de ΔHf en el " Chemical Engineers's Handbook" de J. Perry pero con los productos a 25ª C y 1 atm, el valor obtenido resulta de 32.900 kcal/mol.

En el cálculo del costo variable de una planta de etileno intervienen los siguientes factores:

Para una planta de etileno a partir de etano:

Por tonelada de etileno:	
Etano	1,226 t
Catalizadores y productos químicos	5 - 6 U$S
Energía	3,3 MM kcal

Los demás valores del costo dependen del tamaño de la planta (Inversiones, personal, mantenimiento, seguros, etc.) y constituyen los costos fijos.

Los valores determinantes son entonces el costo de la materia prima cuyo consumo no puede ser inferior al estequiométrico y el de la energía que depende de la optimización que la ingeniería pueda hacer del proceso.

ANEXO II

COMPLEJO PETROQUÍMICO DE BAHÍA BLANCA - ARGENTINA

Este complejo es hoy el más importante productor de etileno de la R. Argentina con una capacidad de 700.000 t/a, el cuál es obtenido por steam cracking del etano que se extrae del gas natural.

La historia de este complejo petroquímico que comenzó hace mas de 35 años, se resume brevemente a continuación.

En octubre de 1971 se formó la sociedad Petroquímica Bahía Blanca SM, constituida inicialmente con una participación del Estado Argentino del 51 %, reservando el 49 % restante a la participación privada. La participación estatal la integraban con el 17 % cada una, las empresas DGFM (Dirección General de Fabricaciones Militares), YPF y Gas del Estado. Como materia prima utilizaba el etano que debería suministrar Gas del Estado para producir etileno. En 1972 comienza la construcción del cracker, que después de varias dificultades se logró finalizar en 1977 y sólo se lo pudo poner en funcionamiento en 1981 una vez finalizada la Planta de General Cerri de Gas del Estado, que comenzó a separar el etano de una corriente de 18 MM de m^3/día de gas natural proveniente de las cuencas Neuquina y Austral.

Simultáneamente se pone en marcha la planta de Polisur para producir polietileno de baja densidad (PEBD) de 70.000 t/a y otra de polietileno lineal de baja densidad (PELBD) de 120.000 t/a. Esta última fue construida en el término de un año en Japón, por Ishikawajima Harima, la cuál se transportó por barco desde Japón, montada sobre una barcaza que se descargó y se amarró en el puerto del complejo donde aún se encuentra instalada. Esta planta flotante de PELBD utiliza la tecnología de Union Carbide llamada UNIPOL que emplea un reactor de polimerización en lecho fluido.

Este accionar de Polisur hizo posible en ese momento poner en funcionamiento el cracker de PBB que hacía varios años que no funcionaba por falta de consumo y que tenia entonces una capacidad de 200.000 t/a de etileno. Los demás satélites del polo si bien tenían sus plantas en construcción recién las pudieron terminar después del inicio de la democracia en 1983 y arrancan en 1987. Comienza entonces la producción de la planta de polietileno de alta densidad (PEAD), de 32.000 t/a por PETROPOL SM y la de cloruro de vinilo monómero (CVM), de 130.000 t/a por Monómeros Vinílicos SM destinados a la exportación y a la planta de PVC de 80.000 t/a propiedad de INDUPA, principal accionista de Monómeros Vinílicos.

Durante la década de 1990/2000 se produce, en 1991 la privatización de las participaciones del estado argentino en el Polo de Bahía Blanca y el estado se retira como socio de PBB, POLISUR, Monómeros Vinílicos, y Petropol, que dejan de ser Sociedades Mixtas (SM).

Como resultado de estas privatizaciones a mediados de esta década la empresa DOW Chemicals de Estados Unidos compra conjuntamente con YPF e Itochu el 51 % de PBB y luego el 70 % de Polisur y las participaciones de IPAKO e INDUPA que tenían en PBB: De esta manera DOW pasa a tener el 63 % de la empresa PBB.

Durante este período comienza la construcción del proyecto MEGA con la participación de YPF 38%, Petrobrás 34% y DOW 28%. Este proyecto extrae de los yacimientos de Loma de Lata (Pcía. de Neuquén) los productos condensables: etano, propano, butanos y gasolinas, utilizando el proceso con turboexpansión, de una corriente de 38 a 40 MM de m^3/día de gas natural. Los productos condensados con el etano diuelto, son transportados al estado líquido por un poliducto de 600 Km de longitud, desde Neuquén hasta Bahía Blanca. De esta mezcla llamada "sopa" se separan por destilación los siguientes productos:

Etano	571.000 t/a
Propano/butanos	617.000 t/a
Gasolinas	225.000 t/a

El etano se destina a PBB para el aumento de la producción de etileno, para lo cuál DOW instaló un nuevo steam cracker de 425.000 t/a, llevando la capacidad total de PBB a 700.000 t/a de etileno grado polímero. Los demás productos separados de la corriente líquida, C_3/C_4 y gasolina, se exportan en su mayoría a Brasil por Petrobrás.

Conjuntamente con la privatización de PBB en 1995, DOW adquirió a IPAKO la empresa POLISUR, formándose PBB POLISUR que pasa luego a ser 100% de DOW.

El resto de las empresas del polo, PETROPOL productora de PEAD, Monómeros Vinílicos productora de CVM, e INDUCLOR productora de cloro y soda cáustica, controladas por INDUPA se fusionan junto con la planta de PVC de INDUPA, para dar luego a la formación de una nueva empresa SOLVAY INDUPA SAIC, con una participación actual del 50,83 % de Solvay Argentina SA, Brigthwork Investments 19,28 % y 29,89 % de otros accionistas locales. Posteriormente DOW adquirió la planta de PEAD (ex PETROPOL) a SOLVAY INDUPA.

Además de las modificaciones mencionadas anteriormente, cabe mencionar la ampliación de la Planta General Cerri, construida en 1981 por Gas del Estado y actualmente operada por TGS – Transportadora de Gas del Sur – que incorporó a sus dos trenes de separación con turbo expander, un tercero que permitió ampliar la capacidad total de tratamiento de gas natural para extraer etano y demás condensables a 38 MM de m^3/día.

Con una mayor disponibilidad de etano PBB amplía su cracker original de 200,000 t/a de etileno a 240.000 t/a y luego a 275.000 t/a.

En el siguiente esquema (Ver Figura N° 28) se ilustra la configuración del Polo Petroquímico de Bahía Blanca en su situación actual (2010). No se incluye la planta de Profertil que produce 1.100.000 t/a de urea y 750.000 t/a de amoníaco a partir de gas natural, que si bien esta ubicada cerca del complejo petroquímico no está integrado con el mismo.

FIGURA Nº 28: COMPLEJO PETROQUÍMICO DE BAHIA BLANCA

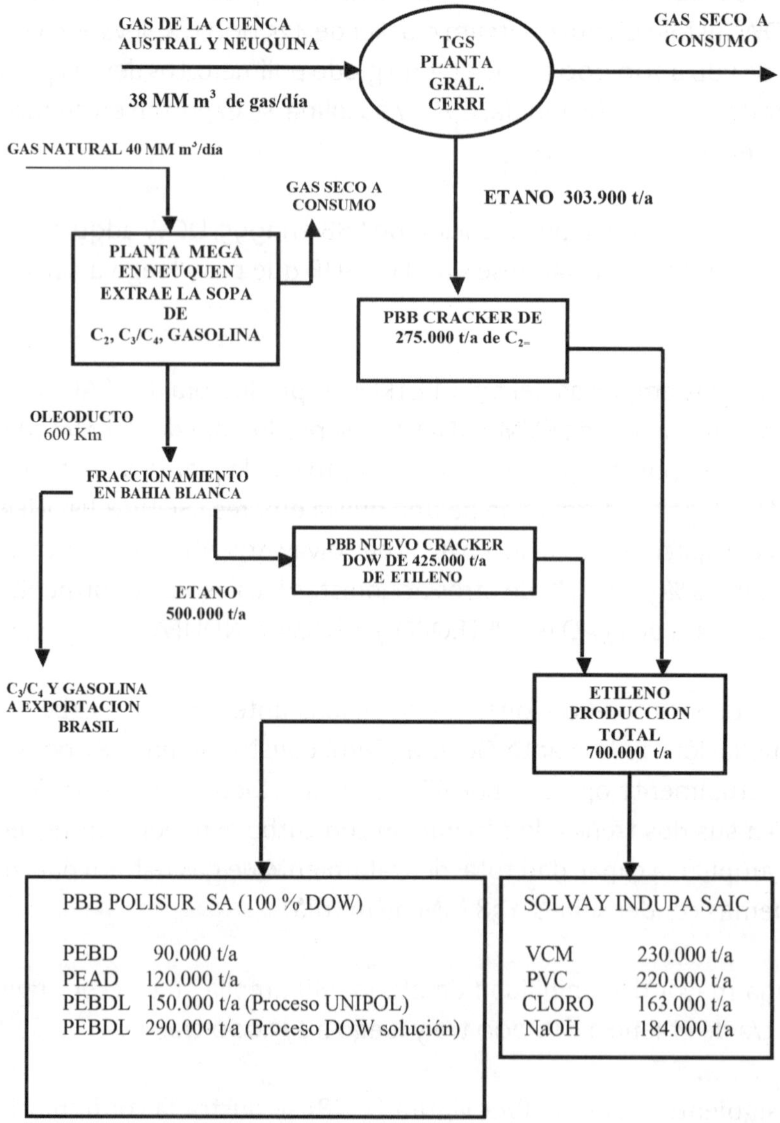

ANEXO III

RECUPERACIÓN DE LAS OLEFINAS DE LA REFINERÍA DE LA PLATA DE YPF (ENSENADA PCIA. BUENOS AIRES).

La recuperación de las olefinas a que hace referencia este Anexo se refiere a las contenidas en los cortes C_3 (propano-propileno) y C_4 (butanos-butilenos) de la Refinería de La Plata de YPF.

Este proyecto llamado originalmente PAO (Planta Aprovechamiento de Olefinas) fue realizado por Petroquímica General Mosconi (PGM), como una ampliación de sus actividades.

PGM fue inicialmente un emprendimiento conjunto de la Dirección General de Fabricaciones Militares (DGFM) con YPF, para la producción de 70.000 t/a de benceno, 20.000 t/a de tolueno, 20.000 t/a de ortoxileno, 40.000 t/a de paraxileno, 45.000 t/a de ciclohexano, 5.000 t/a de xilenos mezcla y 2.600 t/a de aromáticos pesados, con la idea de impulsar la instalación de plantas satélites, entre las que figuraban la caprolactama, el fenol, el anhídrido ftálico, etc. Este complejo instalado junto a la Refinería de La Plata se puso en marcha en 1974 y se destacó por haberse construido en el plazo previsto de 30 meses y dentro del presupuesto establecido.

Posteriormente en 1992 PGM pone en marcha su proyecto de aprovechamiento de olefinas que es un complejo de varias plantas integradas. En forma secuenciada produce MTBE (metil tertbutil éter), buteno-1, oxoalcoholes y como planta auxiliar metanol para la producción del MTBE. La producción del MTBE, además de su aplicación como mejorador octánico y sustituto del plomo tetraetilo en las naftas, se utiliza en la planta en el proceso de separación del isobutileno del buteno-1, debido a que sus puntos de ebullición son tan próximos que hace imposible una separación económica por destilación.

En 1993 con motivo de las privatizaciones, de la mayoría accionaria de YPF y de la DGFM, PGM es adquirida por YPF y pasa a llamarse Petroquímica La Plata.

A mediados de 1999 finalizan las negociaciones de Repsol con el gobierno argentino para la compra deYPF y con la adquisición posterior de la llamada "acción de oro", Repsol adquiere finalmente el 100 % de YPF, que pasa a llamarse a partir de ese momento Repsol YPF SA. Con esta adquisición Petroquímica La Plata queda incorporada a las actividades de la Refinería de La Plata de Repsol YPF SA. En el 2012 la Argentina estatiza la participación de Repsol y nuevamente la efinería de La Plata y sus plantas petroquímicas pasan a ser de solo YPF.

En el esquema a continuación se detallan las plantas que componen el complejo con las capacidades al 31/12/2010.

La separación del buteno-1 del isobutileno se realiza por reacción de este ultimo con el metanol para producir el MTBE, permitiendo de esta manera la separación de los restantes componentes de la fracción de C_4. De lo contrario debido a los puntos de ebullición tan cercanos de los butilenos la separación por destilación resulta prácticamente imposible.

FIGURA N° 29: ESQUEMA GENERAL DE RECUPERACION DE OLEFINAS $C_{3=}$ Y $C_{4=}$ DE LA REFINERIA DE LA PLATA DE YPF

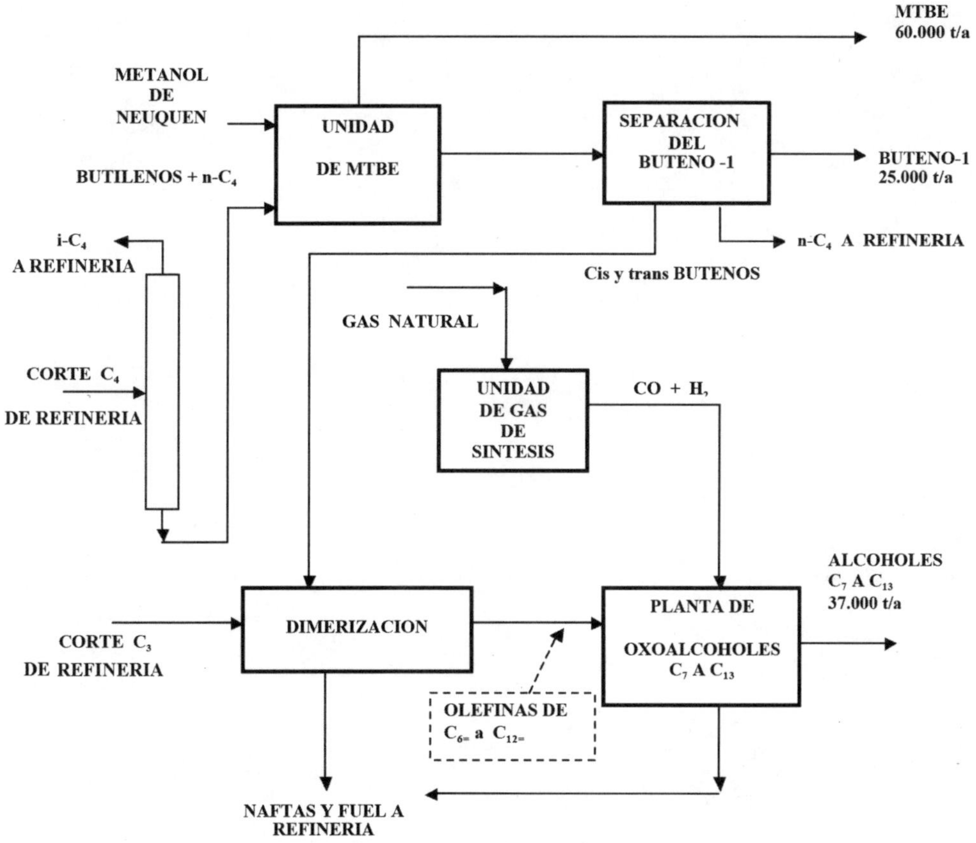

P. E. de los componentes del corte C_4.

ISOBUTANO	**- 11,72 °C**
ISOBUTENO	**- 6,89 °C**
BUTENO – 1	**- 6,25 °C**
n – BUTANO	**- 0,54 °C**
trans-2-BUTENO	**0,88 °C (*)**
cis-2-BUTENO	**3,72 °C (*)**

(*) Estos butenos son dimerizados entre sí o con el propileno del corte C_3 para dar alfa olefinas de 6 a 12 átomos de carbono. Estas reacciones de dimerización se realizan en fase líquida en presencia de alquil-aluminio y compuestos de níquel a temperaturas inferiores a 100 °C.
Los dímeros y trímeros formados son separados y purificados por destilación.

FIGURA N° 29: ESQUEMA GENERAL DE SEPARACION DE OLEFINAS C_4 Y C_5 DE

ÍNDICE DE FIGURAS

BIBLIOGRAFIA GENERAL

-*Química Orgánica Industrial.*
De Klaus Weissermerl y Hans- Jürgen Arpe – Editorial Reverté, Barcelona. 1978.

-*SURVEY OF INDUSTRIAL CHEMISTRY*, 2nd Edition.
De Philip J. Chenier – VCH Publishers, Inc 1992.

-*Chemical Process Industries.*
De Norris Shreve- McGraw Hill Book Company Third Edition.

-*Ethylene Cracker-*
Publicación de ABB Lummus de Estados Unidos,

-*Manufacturing Ethylene.*
De S.B. Zdoniik, E.J. Green y L.P. Hallee.
Publicación de Oil & Gas Journal.

-*Productos Químicos Orgánicos Industriales. Volumen 1.*
De Harold A. Wittcoff y Bryan G. Reuben. Editorial LIMUSA Méjico.

-*Separation of Gases.*
De W. H. Isalski. Oxford Science Publications – 1985

-*Alpha Olefins Applications Handbook.*
Editado por George R. Lappin y Joe D. Sauer – Marcel Dekker Inc N.Y.

-*THE MERCK INDEX- Eleventh Edition.*
Publicado por: MERCK & CO, Inc. Rahway. N.J, USA,

-*Información Estadística de la Industria Petroquímica y Química de la Argentina. Edición* 31°. Instituto Petroquímico Argentino (IPA).

-*Handbook of Chemicals Production Processes.*
Mc graw Hill Company - Roberts A. Meyers

-*La República Argentina y su industria petroquímica.* Instituto Petroquímico Argentino (IPA).

Agradecimiento

Los autores dan testimonio de su sincero agradecimiento a la siguiente empresa, sin cuya valiosa colaboración no hubiera sido posible la edición de este libro:

PETROQUIMICA CUYO S.A.C.I.
Carlos Pellegrini 1136 - 6°piso
(1009) Ciudad de buenos Aires

Impreso en los propios talleres gráficos
de Nueva Librería SRL,
sitos en Estados Unidos 301 (1101),
Ciudad Autónoma de Buenos Aires, Argentina.
Noviembre de 2013.